动物百科全书

ANIMAL ENCYCLOPEDIA

鸟　类

鸣禽·攀禽

西班牙 Sol90 出版公司◎著
陈怡婷◎译

山西出版传媒集团 山西人民出版社

目录

CATALOGUE

ANIMAL ENCYCLOPEDIA

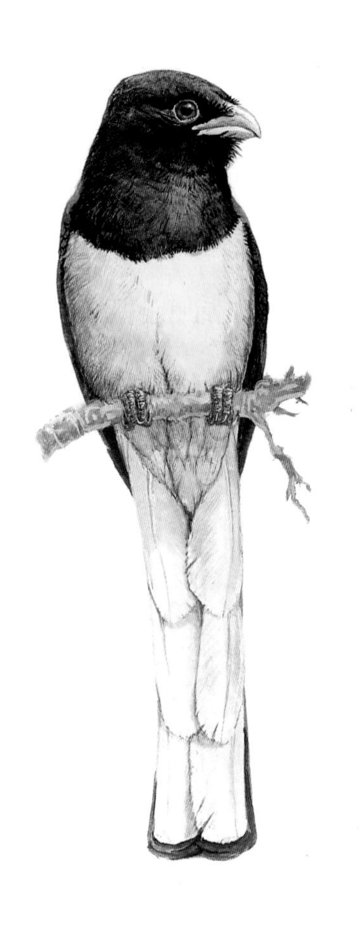

国家地理视角

雀形目鸟类的世界

歌唱生活

颜色多样且喧闹，在某些情况下胆子很大。大部分鸟类都有这些特征，在雀形目鸟类中显得较突出。图中这对南美岭雀鹀（***Phrygilus patagonicus***）正行走于岩石上并观察四周环境，它们甚至会靠近人群，试图找寻剩余的食物。

紧抓树干

雀形目鸟类的显著特点在于它们的停歇方式。它们脚趾的进化使它们能紧抓树枝。这只有7种颜色的多色苇霸鹟（*Tachuris rubrigastra*）正小心地探索鸟巢周围的潟湖环境。

黄昏时在空中飞行

它们的翅膀很短，但有特点，不同的飞行技巧，使它们能在飞行时从空中捕获昆虫。这对叉尾王霸鹟（*Tyrannus savana*）最具代表性，它们黄昏时在空中飞行，起飞通常是为了取得食物。在繁殖期它们有能力威吓并赶走体形比它们大的鸟类。

雀形目鸟类

它们是最多样化的鸟类物种。其历史可追溯到 70 多万年前恐龙灭绝之前。现在它们的种类多样且拥有很强的适应性。它们的体形很小，但进化的速度快。拥有独特的腿和肌肉发达且复杂的发声器官，这使它们能鸣唱或发出有旋律的鸣叫声。

什么是雀形目鸟类

它们是鸣管肌肉发达且具鲜明特色的鸟类。这使得它们能比其他鸟类鸣唱或鸣叫出更精致的声音。它们被单列为一目——雀形目，俗称鸣禽，是鸟类中最复杂且多样的一个目。约有 58%的鸟类被归类于这个目。除了南极洲之外，它们分布于全球。

门：脊索动物门

纲：鸟纲

目：雀形目

科：93

种：5274

雀形目

雀形目这个名称是由林奈先生基于家麻雀（*Passer domesticus*）的学名而命名的。雀形目鸟类的脚的特征让它们易于停留在树杈、小树枝、草和电线上。

一般特征

体形大小从中型至小型皆有，其中体形最大的物种为渡鸦（*Corvus corax*），体重可达 1.7 千克。体形最高的物种为澳洲琴鸟（琴鸟属），体长包括尾巴超过 1 米，尾巴比身体更长一些；体形最小的物种为分布于南美洲的橙尾鸲莺属以及纯色姬霸鹟属的鸟类，它们的体长介于 8~9 厘米。大部分的雀形目鸟类所吃的食物为昆虫、种子、果实和花蜜。雀形目鸟类的 4 个脚趾之间无脚蹼，全部连接于同一水平线上，3 趾朝前，1 趾朝后。朝后的脚趾相当发达，且永远不可逆。脚趾之间无脚蹼，即使是水栖的物种也无脚蹼（例如河乌科和灶鸟科的抖尾地雀属）。此外，它们上腭的结构也与其他鸟类不同，鼻腺体很小，颈椎的数量也较少。除了阔嘴鸟属有 15 枚颈椎之外，其余大多数雀形目鸟类的颈椎数量为 14 枚。它们的盲肠很短，且已退化至无作用，尾脂腺裸露于外。雄鸟的生殖细胞，也就是精子，所呈现的方式跟其他鸟类有很大的不同。翅膀通常有 9~10 根初级飞羽，9 根次级飞羽，尾巴有 12 根羽毛。它们的羽毛脱毛是有方向性的，初级飞羽从里到外慢慢更换（除了旋木雀属为离心

雀形目鸟类世界

所有的鸟类可分为雀形目鸟类和非雀形目鸟类两大类。雀形目可细分为鸣禽亚目和霸鹟亚目。

多样性

霸鹟亚目鸟类中有两个科极具重要性：灶鸟科，拥有 109 个物种；霸鹟科，拥有超过 400 个物种。鸣禽亚目鸟类较值得注意的科为拥有 138 个物种的燕雀科，以及拥有 115 个代表物种的鸦科。

棕灶鸟
Furnarius rufus

大食蝇霸鹟
Pitangus sulphuratus

冠红腊嘴鹀
Paroaria coronata

喜鹊
Pica pica

式脱毛），它们尾巴的羽毛也是从最中心向外慢慢更换。少数物种的鸣管位于气管内，大多数物种的鸣管通常位于气管与支气管交界的位置。除了澳洲琴鸟的孵化期为 35~40 天之外，雀形目鸟类的孵化期一般为 11~21 天。雏鸟出生时无视力，无羽毛，因此需依赖成鸟照顾较长的时间。通常由双亲轮流照顾使其发育完全，但也有少数物种将卵寄生于其他鸟类的鸟巢中，例如拟黄鹂科的牛鹂属鸟类。某些物种只将卵寄生于某种特定鸟类的鸟巢中，而有些物种则将卵寄生于多种鸟类的鸟巢中，例如紫辉牛鹂（*Molothrus bonariensis*）会将卵寄生于不同族群的鸟类的鸟巢中。

起源、演化和分类

雀形目鸟类与其他陆地鸟类的血缘关系目前仍然是一个谜。它们可能起源于白垩纪时期，之后成功地演化至今。近期的演化，于稀缺和零散的化石中很难将它们从许多群体中明确划分出来，因此并无明确界限。1847 年，德国鸟类学家菲利浦 · 姆列尔第一个指出雀形目鸟类的鸣管（也称为发声器）内肌肉数量不同。从那时候开始，经过长时间的分类，科学家们将它们分成 4 个亚目。最先被分类出的 3 个亚目有 4 对或少于 4 对的肌肉，被命名为“霸鹟亚目”，它们被认为是雀形目鸟类中最“原始的”鸟类。第 4 个亚目为鸣禽亚目，该目的鸟类鸣管的肌肉有 5~8 对。目前以 DNA 作为研究基础的结果最能被接受，其结果将雀形目鸟类分为两个亚目，分别为霸鹟亚目和鸣禽亚目。雀形目鸟类之间的差异并不像非雀形目鸟类之间那么大。

鸣禽亚目和霸鹟亚目

霸鹟亚目由大约 1000 个物种所组成。它们的鸣唱声很简单，歌声因地区和物种不同而略有差异。鸣禽亚目的鸟类同样也被称为“会唱歌的鸟”，由大约 4000 个物种组成。根据不同的系统分类，可分成 36~55 个科。它们通过遗传以及学习能鸣唱出美妙的歌曲。某些物种能拼凑出旋律。它们的鸣唱声差异很大，但无疑雀形目鸟类是最好的“音乐家”和“模仿家”。它们被认为是进化最成功的脊椎动物，其物种的数量比哺乳动物中物种最多的啮齿目动物还要多。

最聪明的鸟类

乌鸦被认为是所有鸟类中最聪明的鸟类。在日本，乌鸦已学会将坚果扔至汽车前方让汽车碾碎，它们会等待红灯出现之后才前去取得食物。它们有认知能力，甚至比非人类的灵长类动物还要聪明。

鸦科
它们有非常复杂的社会组织，是适应能力强且进化相当成功的鸟类。它们分布于全世界，有大量的物种经证实为鸦科物种。

第一步
乌鸦停在电线上，将一枚坚果抛在有交通信号灯的路口。

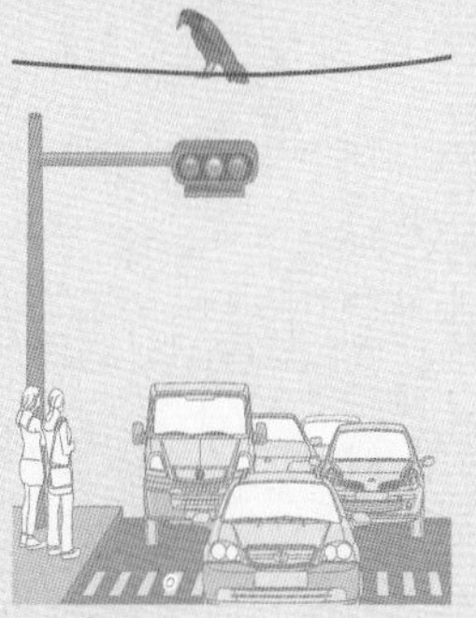

第二步
耐心地等待汽车将坚果碾碎，让它可以轻易食用。

第三步
当信号灯变化之后，它跟着行人走斑马线，取得食物。

饮食

雀形目鸟类由多样化的物种所组成，占全世界所有鸟类物种的一半以上。它们所吃的食物也相当多样。大部分物种的食物为无脊椎动物、果实和种子，也有某些物种会吃花蜜。某些物种有能力杀死小型脊椎动物，如两栖动物、爬行动物和啮齿目动物，甚至兔子。水栖类物种擅长捕捉小鱼和软体动物。有些物种甚至也会吃腐肉。

适应力

饮食的类型主要取决于喙的形状。喙强而有力且呈锥状（锥嘴鸟），它们是主要吃种子的物种，如燕雀科、织布鸟科、鸦科以及其他鸟类；喙同样强而有力且喙尖呈钩状的物种包括蚁鸟科、霸鹟科和伞鸟科。喙短且呈分裂状，这类物种在飞行中捕获昆虫，如燕科鸟类。此外，也有喙的形状相当引人注目的物种，如䴓雀（䴓雀科）和欧洲红翅旋壁雀（䴓科）。这两个科中的镰嘴鸟属、雷啸鸟属、旋壁雀属鸟类的喙相当长且弯曲，使它们能伸入树洞、附生植物或岩石之间寻找昆虫。红交嘴雀的喙较特别，在喙尖处交叉，在开启针叶树的球果取得种子时相当实用。其他没有这种“工具”的鸟类必须等到球果自然开启之后才能取得种子。

某些物种的主要食物为花蜜，它们的喙较特殊，跟蜂鸟的喙相似。某些吸蜜鸟科和太阳鸟科的鸟类属于这类物种。栖息于美洲丛林的雀形目鸟类（铲嘴雀属，霸鹟科）的喙较扁平，它们擅长使用既宽又短，且基端有感觉毛的喙捕捉昆虫。雀形目鸟类中有多个物种能捕捉脊椎动物，伯劳鸟（伯劳属，伯劳科）无疑是这类物种的代表。它们使用跟猛禽（隼科）类似的技巧捕获猎物，捕捉昆虫、啮齿动物和其他鸟类。它们有一个边缘呈齿状的喙，让它们能以此杀死猎物，之后用喙尖将猎物刺穿或弄成条状以便后续食用。某些体格较健壮

偏爱血液

据推断，牛椋鸟科的两个非洲物种对于大型哺乳类动物有益处，可帮它们清除身体外部的寄生虫。尽管如此，在近期的研究中发现，这些鸟类物种较喜欢的其实是血液，它们不仅从昆虫身上取得血液，也从伤口中取得血液。

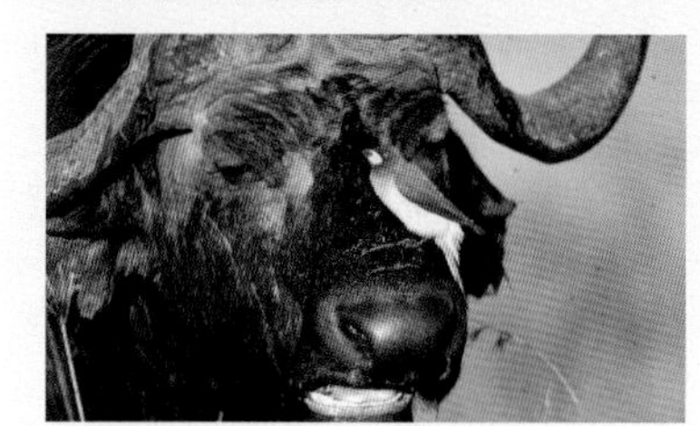

黄嘴牛椋鸟
Buphagus africanus

以寄生虫为食
红嘴牛椋鸟
（***Buphagus erythrorhynchus***）

的霸鹟也有能力捕捉脊椎动物。

喙虽然是用于捕捉和食用猎物的“工具”，但腿、脚趾和趾甲对这些鸟类也很重要。脚趾和趾甲的变化不仅关系着它们寻找的食物类型，也关系着它们停下来捕捉猎物的地点。例如红翅旋壁雀（*Tichodroma muraria*）为了在岩石中取得它们的食物，会使用它们椭圆形的趾甲爬上垂直的峭壁。许多雀形目鸟类的尾巴在它们觅食时也发挥着关键的协助作用。旋木雀和雷啸鸟的尾巴形状和坚硬度适中，让它们能够支撑身体，使它们能够使用跟啄木鸟相似的方式攀爬和站立于树干和树枝之间。

某些科，如霸鹟科，该科鸟类的尾巴使它们在飞行时可以做多种变化，是在空中捕捉昆虫时必不可少的工具。某些物种会到一些其他鸟类不常去的地方觅食，有些物种也会使用一些策略捕获食物来证明它们的智商。牛椋鸟科（牛椋鸟属）鸟类的喙为金黄色或红色，它们可能成群行动，以寄生在水牛和犀牛的皮肤和毛发中的虱子为食。牛霸鹟（*Machetornis rixosus*）也吃众多寄生在南美洲哺乳类动物身上的寄生虫。

白喉河乌（河乌属；河乌科）是雀形目鸟类中能够完全潜入水中数十秒捕食的鸟类。它们拥有潜水能力，能行走于水底捕捉昆虫、软体动物和小鱼。

拟鴷树雀（*Camarhynchus pallidus*）是一种善用工具的物种。它们偏爱捕食生活在树木中的幼虫。由于它们没有适合将幼虫取出的长舌头和喙，因此它们使用仙人掌的刺或是小树枝作为工具将幼虫取出。其他雀形目鸟类的物种会用它们的智商将食物取出，例如鸦科鸟类，它们会将蜗牛扔到岩石上以破坏其硬壳后取食。松鸦(*Garrulus glandarius*)的情况较特殊，它们可以储存大量橡子在冬季时食用。星鸦（*Nucifraga caryocatactes*）所吃的食物为坚果，它们习惯在秋季时储存剩余的食物，它们有能力在冬季时飞回储存食物的地点取得食物，甚至食物被埋于雪的下方时它们也能寻找得到。

功能

雀形目鸟类在吃果实的同时有助于散播种子。它们选择的果实果肉较丰厚，种子由外壳保护于内部。鸟类的消化系统溶解包覆于外部的果肉，可以使内部的种子发芽或促进发芽。这个过程通常被称为“鸟类播种”，它们在森林的生态和运作中扮演着关键的角色。此外，鸟类也吃大量的昆虫，这个方式可以自然地控制许多可能伤害人类的昆虫物种的数量。

另一个重要的功能是某些雀形目鸟类在吸食花蜜的同时能协助它们造访的花朵传播花粉，这个过程被称为“鸟媒传粉”。在进化的过程中，花朵已能适应经进化的结构，以便吸引和接受鸟类传播花粉。

行动

拟鴷树雀（裸鼻雀科）是会使用工具来捕捉猎物的少数鸟类之一，图为它正用工具深入树干中捕捉幼虫。

潜水鸟

白喉河乌（*Cinclus cinclus*）是雀形目鸟类中一个有趣的例子，它们能适应在河道中捕捉猎物。它们能完全潜入水中约 30 秒。它们血液中的血红蛋白能比其他鸟类携带更高浓度的氧气。它们的短翅拥有如同鱼鳍的功能；鼻孔处有“翼片”，可防止水进入呼吸系统；眼睛有特殊的肌肉，能够提高其在水中的视力。

美洲代表

棕喉河乌（*Cinclus schulzi*）栖息于美洲，它们觅食的适应能力与白喉河乌相似。

羽毛和颜色

雀形目鸟类物种多样，其羽毛的组合和形态几乎可占满整个颜色光谱。它们的常见名称和学名经常涉及其羽毛的颜色和特点，以协助鸟类爱好者和科学家识别不同的物种。跟所有的鸟类一样，羽毛有助于它们飞行。此外，羽毛也有许多功能，例如防冷、防热、防水、吸引异性，以及用于隐藏以防御天敌等。

羽毛的颜色

雀形目鸟类中栖息于美洲的灶鸟科（以棕灶鸟 *Furnarius rufus* 最具代表性）或栖息于欧洲的百灵科（例如云雀 *Alauda arvensis*）为羽毛颜色较不鲜艳的鸟类。通常这些科的雄鸟和雌鸟的性别很难分辨，它们朴实的羽毛色调跟所栖息环境的色调相似。在地球另一端的巴布亚新几内亚可以发现极乐鸟，它们有 43 个物种，羽毛的颜色和形态相当多样，令人难以形容。它们运用其不可思议的羽毛跳一种特别的求偶舞蹈。这些物种的雄鸟的羽毛相当鲜艳多彩。雌鸟的羽毛颜色跟其他物种的雌鸟一样，不那么鲜艳，使它们能在筑巢时不被发现，避免暴露其鸟巢的位置。在美洲可通过美丽的羽毛辨别一些鸟类，如伞鸟科和裸鼻雀科，特别是伞鸟属和唐加拉雀属，它们羽毛的颜色由釉面绿松石色、蓝色、猩红色和紫色所组成。雀形目鸟类羽毛的颜色不仅受到遗传的影响，也跟它们所吃的食物和营养状况有关。鸟类身体自身产生的一种氨基酸和黑色素是它们羽毛呈黑色的因素；遗传缺陷为全部或部分白化病形成的原因，偶尔也会在它们身上发现。其他色素，如胡萝卜素，它们从食物中取得，提供羽毛的红色、黄色和橙色的色调。大家所熟知的金丝雀（*Serinus canaria*）就是一个显著的例子，它们因食入食物的胡萝卜素而呈现的自然颜色，加深了羽毛的色调，使它们成为家禽饲养的热门选项。卟啉为第三种色素，使鸟类形成粉红色、绿色和红色的羽毛。白色、蓝色、紫色的羽毛颜色的色素为自然色。某些羽毛拥有可作为棱镜的特殊结构，能使光穿透各个角蛋白层，使羽毛呈现金属色。这种颜色被称为结构色，在雀形目鸟类中可在某些拟黄鹂科物种的身上观察到这类情形，例如紫辉牛鹂（*Molothrus bonariensis*）。通常栖息于热带森林中的鸟类羽毛颜色较多样，跟那些栖息在开放空间（特别是干旱地区）的鸟类羽毛的颜色有明显的差异，栖息于开放空间的鸟类的羽毛色调较温和。有相当多的雀形目鸟类物种在一年之中会更换羽毛的颜色。例如栖息于旧世界地区的某些物种（鹀属；鹀科）和栖息于美洲的林莺科鸟类都是会更换羽毛颜色的物种。这些物种中，雄鸟一年中的大部分时间羽毛颜色跟雌鸟相同，为羽毛的“休息时期”。当抵达它们的繁殖区域前它们的羽毛会变色，变成颜色较醒目且强烈的色调，这种羽毛被称为“繁殖羽”。

彩虹色的色圈

鸟类是脊椎动物中颜色最多样的动物，因为它们的羽毛中渗入了胡萝卜素、黑色素和四吡咯衍生物类色素。有些颜色是通过光的反射或缺乏其他物质而形成的。

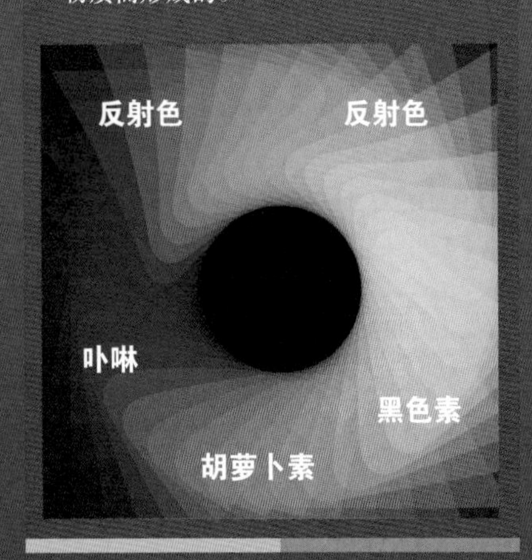

护理和卫生

大家曾经一定驻足并惊讶地观察过某只雀形目鸟类正护理着自己的羽毛。这种情况跟其他鸟类相同，它们必须清理并保持羽毛在最好的卫生状态才能生存。它们运用位于尾巴底部的尾脂腺分泌的油状物质护理羽毛。它们使用喙将这些油状物质涂在羽毛上，擦亮羽毛并使其有防水的功能。此外，还有其他护理方式，如清理羽毛的寄生虫、使羽毛保持清爽或去除羽毛上多余的油脂。它们经常通过日光浴来清洗羽毛，也会以“干洗”的方式在地上摩擦清理。值得注意的是，某些鸟类，如夜莺（*Luscinia megarhynchos*）会收集蚂蚁并用它们摩擦自己的身体。据推测，昆虫分泌的化学物质能杀灭细菌、螨虫和引起真菌病的真菌。甚至也会看到某些特定物种直接坐在蚁丘上方。“起尖”是一种经常使鸟类致死的疾病，这是一种尾脂腺阻塞所引起的疾病，也是笼中饲养的鸟类的常见疾病，因此，野生鸟类花时间护理它们的羽毛是相当合理的。

华丽与朴实

雀形目鸟类中有羽毛颜色相当华丽且引人注目的物种，也有羽毛颜色相当朴实且能融入环境中的物种。

羽毛

相似的羽毛颜色

灶鸟科鸟类中的多个物种的外观没有明显的差异。细微的差异在于尾巴的长短和颜色、喉咙的花纹、翅膀色带的色调以及飞行的方式，这些都是识别这些物种重要的信息。

羽毛颜色差异极大

金丝雀（***Serinus canaria***）是羽毛颜色差异较大的物种。自17世纪以来，选择性的育种计划以及基因突变的情况，使得这类物种的羽毛颜色目前已超过500种。这种情况在动物界是独一无二的。

伴侣与鸟巢

它们使用各种材料筑巢，巢的形状不一，筑巢的地点包括地面上、树上、灌木丛中，或是在岩石间。它们通常由雌雄双方共同照顾雏鸟，但某些物种较特殊，如娇鹟（娇鹟科）以及将求偶地点称为求偶场的极乐鸟（极乐鸟科），它们是由雌鸟负责建造鸟巢和照顾雏鸟的。它们可能单独或集群筑巢。此外，也有一些寄生物种，将它们的卵寄生在其他鸟类的鸟巢中。

求偶

某些雀形目鸟类会执行一些复杂的仪式进行求偶。它们能在树枝上跳跃和改变方向，或发出引人注意的鸣叫声。某些物种甚至会使用种子、草和其他元素装饰自己的领地。尽管如此，大部分物种所表现出的求偶方式都是比较温和的。

雏鸟

由雄鸟和雌鸟双方共同照顾刚出生的雏鸟，直至雏鸟能自行离巢为止。

庇护所

鸟巢，除了是孵化并保护卵以及喂养雏鸟的场所之外，它对于鸟类而言有特别的重要性，因为尚未长羽毛的赤裸的雏鸟需要庇护，雏鸟的双亲需要使用鸟巢协助雏鸟。大部分物种会自己建巢，但也有些物种会翻新其他鸟类的鸟巢。它们同样也会让其他鸟类孵化和哺养它们的雏鸟，这种行为被称为巢寄生或育雏寄生。它们所建的鸟巢形状多样，且体积也因选择的材料和筑巢地点而有所不同。鸟巢的结构可以是简单的也可以复杂的，会建在醒目可见的位置或是可以用周围环境伪装的位置。建造鸟巢的区域相当多样，可以是地面、树洞内、不同高度的植物枝叶中，也可悬挂于树枝或建在树枝上，或是建于岩石之间。特别是白喉河乌（河乌科），它们会将巢筑于河流和溪流沿岸的瀑布下方。某些鸟类也会将巢筑于人类居住区附近或是建筑物的孔洞中。

多样性

建筑鸟巢可使用多种不同的材料，例如泥土、草、毛发、羽毛、植物纤维、树根、树枝、树叶、蜘蛛网和地衣，甚至也使用人造材料。大部分物种以高脚杯形状或茶杯形状建造开放式的鸟巢，但也有某些物种会建造封闭式或顶端以圆顶盖住的鸟巢，从底部或顶部进入。棕灶鸟（*Furnarius rufus*）所筑的鸟巢是这类鸟巢中最具特色的鸟巢之一，其名称源自于它们建造鸟巢的习性，它们以泥土作为建造鸟巢的基本材料，搭配稻草将巢建造成炉灶的形状，末端经常使用一根杆子，或是某些暴露在外的地方支撑。泥巴同样也是燕科鸟类用于建造鸟巢的材料，例如家燕（*Hirundo rustica*）使用潮湿的泥土搭配毛发将杯状的鸟巢筑于垂直的墙上。白腹毛脚燕（*Delichon urbicum*）使用泥土在鸟巢顶端建造一个入口。蓝白南美燕（*Notiochelidon cyanoleuca*）和崖沙燕（*Riparia riparia*）将鸟巢筑于峡谷的洞孔中。某些拟黄鹂科鸟类会使用长度平均或更长的植物纤维建造如同袜子形状或袋子形状的悬挂式鸟巢，有时候长度可超过 1 米，并将鸟巢入口建于顶端。棘雀（棘雀属）或巨灶鸫（巨灶鸫属）建造体积较大的鸟巢，使用小棍棒固定或悬挂于树枝的末端；鸟巢的长度可能超过 2 米，也可能有一室或多室，但成鸟伴侣只使用其中的一室。拟黄鹂（*Icterus icterus*）通常会篡夺其他鸟类的巢穴，驱逐原本居住于内的鸟类，甚至会破坏它们的卵和雏鸟。强霸鹟（*Legatus leucophaius*）

鸟巢类型

雀形目鸟类建造的鸟巢通常为开放式的，但也有一些是封闭式的或呈拱形的。它们使用多种材料建造，例如泥土、树叶和植物纤维。它们甚至也会挖掘峭壁作为鸟巢或使用其他鸟类留下的鸟巢。

白腹毛脚燕
（*Delichon urbicum*）
使用泥巴制成的小泥球建造鸟巢。

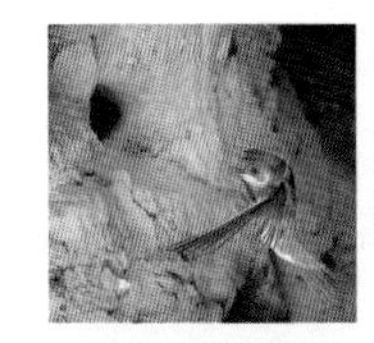

崖沙燕
（*Riparia riparia*）
在峡谷的洞孔内筑巢。

群居织巢鸟
（*Philetarius socius*）
建造群体居住的鸟巢。

棕灶鸟
（*Furnarius rufus*）
鸟巢呈拱形。

红嘴奎利亚雀
（*Quelea quelea*）
将鸟巢建在其他同种鸟类的鸟巢旁边。

黑额织雀
（*Ploceus velatus*）
使用草和羽毛编织它们的鸟巢。

是有这种习性的最具代表性的鸟类。栗翅牛鹂（*Agelaioides badius*）通常会占据木棍建造的鸟巢，跟集木雀（*Anumbius annumbi*）和棕胸崖燕（*Progne tapera*）一样，几乎全部占据棕灶鸟的鸟巢。灰缝叶莺（*Orthotomus ruficeps*）使用一片或多片含有植物纤维的叶子以及其他材料一起建造鸟巢。群居物种，特别是织巢鸟，能使用细长条的树叶编织出非常坚固且结实的鸟巢。非洲群居织巢鸟（*Philetarius socius*）使用树枝建造一个巨大的鸟巢，可能含有超过 100 个入口，由许多一夫一妻制的伴侣分别居住。反之，某些物种以相对较弱势的方式将鸟巢单独建在洞孔内（例如伞鸟科），这类鸟巢的特色在于可让它们观察外边的环境，防止肉食性动物的攻击。某些鸟类使用啄木鸟留下的巢穴、树洞或岩石的天然洞孔作为鸟巢。灶鸟科鸟类建造的鸟巢类型变化相当多样。某些鸟巢的结构相当特别，与喂养雏鸟无关，如栖息于澳大利亚和新几内亚岛的花亭鸟（园丁鸟科）所建造的鸟巢，外观跟木屋或凉亭相似，由雄鸟使用有颜色的材料布置（花、软体动物的壳、塑料、水果和其他材料），是一种吸引雌鸟的策略。

双亲共同照顾

雌鸟产卵的时间通常会持续好几天，根据鸟巢的大小可容纳 1~14 枚卵。华丽琴鸟（*Menura novaehollandiae*）是雀形目中体形最大的物种，只产 1 枚卵，而体形最小的蓝山雀（山雀属）所产的卵的数量最多。通常由雌鸟负责孵化，但蚁鸟（蚁鸟科）的雄鸟也会参与孵化甚至喂养雏鸟。某些物种如果自己没有产卵并孵化，会帮忙照顾其他鸟类的雏鸟，如澳大利亚的细尾鹩莺（细尾鹩莺科）和新世界喜鹊（鸦科），它们通常在需要时只建造一个喂养雏鸟的鸟巢，但如果鸟巢受到破坏它们能再建一个。平均孵化期为 11~21 天。除了少数伞鸟科物种和蚁鸟（蚁鸟科）之外，大部分雀形目雏鸟出生时都闭着眼睛，羽毛很少或完全无羽毛。雏鸟留巢期通常为 10~15 天（琴鸟留巢期约为 42 天）。某些物种的卵产出时外层包着薄膜，为了维护鸟巢整洁，薄膜有可能被扔掉或被其双亲吃掉。寄生物种的雌鸟会将卵产在其他鸟类的鸟巢中，某些牛鹂属鸟类（拟黄鹂科）会将卵寄生在少数特定物种的鸟巢中，而其他寄生鸟类会将卵寄生于数十个物种的鸟巢中。非洲维达鸟（维达鸟科）的雏鸟外观跟它们寄生鸟巢的雏鸟几乎没有差别，卵的外观通常也相似。

炫耀和伪装

白尾鸢、极乐鸟、花亭鸟是鸟类之中雄鸟会炫耀其鲜艳羽毛来求偶的鸟类。这些物种的雌鸟的羽毛颜色较不鲜艳，由它们负责照顾雏鸟，用这种方式能防止天敌发现鸟巢。

紫辉牛鹂
Molothrus bonariensis

本能
雀形目鸟类的雏鸟张开嘴巴等它们的父母带食物来喂食它们。

擅长歌唱的鸟类

根据许多文化记载，可见雀形目鸟类的声音是其进化过程中最复杂的特征之一。它们的歌唱是鸣管活动产生的结果。鸣管是它们特殊的发声器官，是雀形目鸟类比较发达的器官。许多声调是它们经学习之后所发出的声调，这些声调相当复杂且令人吃惊。

进化优势

早期的鸟类距今已有 1.5 亿年历史，它们生活在植被茂密的森林环境。在这个封闭的栖息地，它们优良的视力是一种适应环境的优势。此外，发声的能力让它们可以跟同伴取得联系，知道它们的位置，并随时留意周围即将发生的危险。经过漫长的进化过程，最终进化出了雀形目鸟类所拥有的这项比其他任何鸟类都更加优越的技能。

5-9

鸣管有5~9 组可活动的肌肉。

鸣管

鸣管是一种位于气管和支气管交界处的构造，其直径不超过5 毫米。在鸣管背侧肌〔鸣管肌（*dS*）和气管支气管腹侧肌（*dTB*）〕发声时会使支气管软骨收缩并往鸣管方向旋转，鸣管因空气流动产生振动和声音。

300

夜莺可发出300 种求偶的鸣唱旋律。

雏鸟

以不和谐的旋律唱个不停来吸引亲鸟注意，让亲鸟来喂食它们。

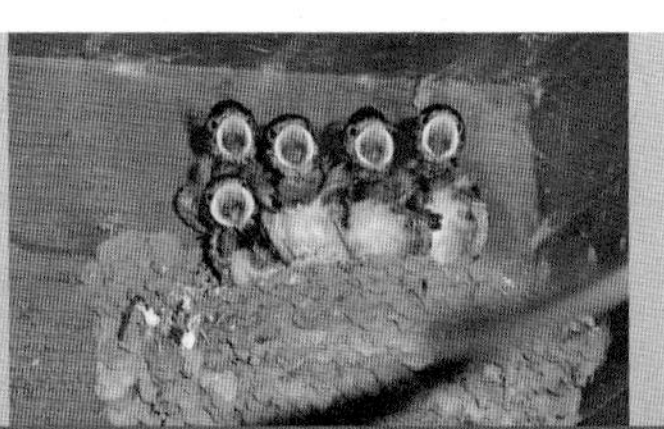

领地

成鸟学习唱歌，除其他特殊原因外，一般是为了吸引同伴注意和明确地宣示其领地主权。

上纹状体腹侧尾核
额叶
小脑
轴突传导
古纹状体粗核
脑下垂体
视叶
轴突传导
气管
舌下颅神经

大脑与歌唱

声音的发声与调节由神经系统所控制。大脑是记录已学习旋律的器官，神经系统通过神经元突触循环传导，以固定的方向传导至神经末梢、中枢、外周神经系统和鸣管的肌肉。

紫歌雀
（*Euphonia violacea aurantiicollis*）
它们的体形很小，很难从茂密的树叶中发现它们的身影，但它们喧闹的鸣唱声会泄露其踪迹。

不同类型的发声

叽咋柳莺
（*Phylloscopus collybita*）

欧亚鸲
（*Erithacus rubecula*）

松鸦
（*Garrulus glandarius*）

夜莺
（*Luscinia megarthynchos*）

鸣叫声

是结合高音和低音的混合鸣叫声，无特定旋律，在看到异性或异性接近时发出，目的在于求偶时吸引异性的注意。

联系时的鸣叫声

是栖息于森林的物种和群体在飞行时用于彼此联系的鸣叫声。基于各种目的由个体或群体发声以吸引其他同伴注意。

警示时的鸣叫声

是一种跟其他许多物种叫声相似的短鸣声。由于某些鸟类能模仿其他鸟类的鸣叫声，因此，当其他鸟类发出警示鸣叫时，它们能理解其鸣叫声的含意。

歌唱

鸣叫声较优于其他雀形目鸟类，且持续时间较长，其中以云雀、夜莺和金丝雀较为有名。

濒危的雀形目鸟类

由大量物种组成且分布于世界各地的雀形目鸟类，是鸟类中演化最成功的。尽管如此，它们中的许多物种也正濒临灭绝。各个地区的雀形目鸟类所面临的危机并不相同，其中主要的危机为丧失栖息地、被作为宠物饲养、外来植物和动物入侵。它们跟其他鸟类一样，对环境变化有很强的敏感性，是环境是否良好的重要指标。

进化和退化

雀形目鸟类的许多物种栖息于相当特别且受限制的区域。在20世纪，这些特别的栖息区域正逐渐被改变或破坏，因而导致许多物种面临灭绝的危机。

一般情况下，栖息于特殊环境的鸟类表示它们对环境和食物种类有特别的需求，因此，当改变生活条件使它们需要重新适应环境时，它们的生存受到威胁。很多情况是因为它们的生活习性（如飞行能力）使它们无法前往那些生活环境未遭变化的区域。它们之所以面临危机，其中一个主要且明确的原因是全球的树林和森林被砍伐，用作木材或用来造纸，或将林地作为农业扩展用地。支持最多样化的生物体在地球上生活的热带雨林环境正逐渐消失或快速消失。这些热带雨林地区被命名为“生物多样性热点地区”，栖息于这些地区的生物数量在20世纪有明显的下降趋势。几乎所有栖息于这些地区的重要生物都受到生态环境不同程度的影响。仅存的罕见草原和原生草原被大量改造成为种植区或因家畜过度放牧而遭到破坏。水资源丰富的地区总是有许多生物栖息，而这些地区也正受到威胁，如被转变为农田，这些转变都使栖息于这些区域的多样性生物受到伤害，导致许多水生鸟类和其他生物的数量严重下降。

宠物

在贸易的运输过程中，鸟类会被放入没有水和食物的小箱子，导致数百万只鸟类死亡。据估计，在贸易运输过程中，每成功运输1只鸟，在运输过程中至少有4只鸟死亡。

棕胸食籽雀
Sporophila minuta

其他威胁

人类因喜爱这些鸟类的美丽羽毛或富有旋律的歌声而将它们关在鸟笼里，这也导致了许多物种的数量下降。这些羽毛颜色鲜艳的物种是非洲、亚洲和南美洲国际贸易热门的交易商品。人类改变了开拓贸易的方式，将多种动物作为交易商品（如老鼠、猫、狗和其他动物）并运送至世界各地。这些被运送到其他地方的外来物种所栖息的环境大部分都是相当脆弱的，例如可能是岛屿、被分割成块状的自然保护区、地形差异极大的区域、濒危物种和特有物种的领地、群居鸟类筑巢的重要区域。野生动物栖息的地方较偏僻，特别是完全与外界隔离且几乎没有天敌入侵的岛屿很容易引进外来物种。国际自然保护联盟（IUCN）将这些外来物种归类为偶然的或有意的迁入。某些外来物种被称为“入侵者”，它们在没有人类协助的情况下自行繁殖，自己能将栖息地变换至天然或半天然地区或是几乎无天敌的区域，因而使得维持好几个世纪的生态系统产生急剧的变化。外来物种引起的竞争、捕食、取代、驱逐以及排斥本地物种的现象，使得本地物种面临绝种的危机。例如栖息于印度洋塞舌尔群岛的属于鹟科的塞舌尔鹊鸲（*Copsychus sechellarum*），它们的数量因为外来物种——家猫的引进而逐渐减少，正濒临灭绝。一个物种的数量总和同样也受到其他因素的影响。例如栖息于靠近澳大利亚诺福克群岛的属于绣眼鸟科的白胸绣眼鸟（*Zosterops albogularis*），是极度濒危的物种，其面临的主要威胁是栖息地受到破坏（主要为毁林）以及外来物种的入侵（哺乳动物和鸟类）。它们的数量从外来物种——灰胸绣眼鸟（*Zosterops lateralis*）入侵并将它们驱离繁殖区域之后开始减少。家麻雀（*Passer domesticus*）为雀形目鸟类中成功分布于世界各地的鸟类之一，它们离开了原始的栖息地，被带至世界各地，驱逐了该地区的原生物种。

三色黑鹂

Agelaius tricolor

繁殖栖息地和筑巢地的丧失、筑巢的低成功率是它们目前数量减少的主要原因。

波纹林莺

Sylvia undata

主要栖息于伊比利亚半岛和非洲北部。它们的数量正加速减少，主要的原因是栖息地的减少和破坏。

彭巴草地鹨

Sturnella defilippii

栖息地大面积的草原被转换成农业和畜牧用地以及土地沙漠化，是它们数量下降的主要因素。

查岛鸲鹟

Petroica traversi

为新西兰查塔姆群岛的特有物种，1980 年仅存5 只，随后开始执行繁殖计划。

镰嘴管舌雀

Vestiaria coccinea

它们数量减少的原因跟其他岛屿物种减少的原因相同，都是栖息地丧失或减少以及外来哺乳类物种的捕食。此外，疾病也是一个原因，因为它们很容易被家禽散播的禽疟疾和禽流感所感染。

夏威夷地方性物种

现存总数约35 万只，除其他影响其数量的因素之外，农业开发也是使它们生存面临危险的因素之一。

追踪燕子

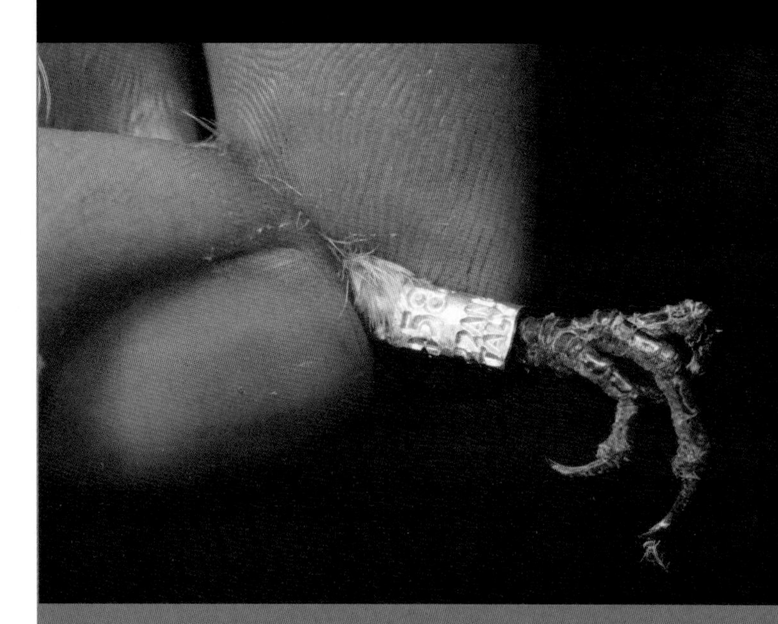

▲ **露出脚链**

这只燕子在意大利被套上脚环，在尼日利亚的伊巴肯发现它的踪迹。辨识系统可通过脚环了解燕子迁徙时的情况，之后在其聚集区域采取保护措施。

▼ **研究与保育**

追踪燕子的计划于2007年在尼日利亚东南部发现了一个有大量燕子聚集的地方。在此之前，几乎没有任何有关欧洲物种迁徙至此的相关数据。

▶ **夜间猎捕**

尼日利亚许多区域的居民都使用胶水和柠檬汁液将树枝粘在一起制成陷阱，并放入模仿燕子的物品，以此方式在夜间猎捕燕子。由于当地食物资源缺乏，因此这类物种被猎捕作为食物，在冬季时它们更容易被捕获。据统计，一直到21世纪初期，每年大约有20万只这类物种被捕获。目前，已通过各种方式宣传保育这类物种的重要性，这将有助于改善它们数量越来越少的状况。

根据国际自然保护联盟的归类，分布广泛的家燕（*Hirundo rustica*）被归类为无危鸟类。它们的数量正在下降，但它们不是濒临灭绝的物种。尽管它们广泛地分布于世界各地，但它们的迁徙习性仍是个谜，须继续追踪了解。有几个国家正针对这个项目进行不同的研究计划。此外，研究人员也在那些捕获燕子作为食物的区域进行劝导，根除他们捕获燕子作为食物的习惯。

科与种

雀形目是鸟纲中最大的一目，包括近 6000 种鸟。但雀形目下属的科很少，即同属的鸟类数量非常多。其中人们所熟识的雀、百灵、燕、伯劳、画眉、黄鹂等鸟类都属于雀形目。

世界性鸟类

门：脊索动物门

纲：鸟纲

目：雀形目

科：3

种：271

它们分布于世界各地，鸦科鸟类有非常强的适应飞行的能力，而燕科鸟类和鹡鸰科鸟类则跟它们相反，为陆栖鸟类。它们大多数栖息于亚热带和温带地区的半沙漠区、草原、森林和雨林，在树上、峭壁、岩石壁或地上筑巢。燕科鸟类为群居鸟类，通常很多鸟巢紧邻在一起形成群落。

Cyanocitta cristata

冠蓝鸦

体长：25~28 厘米
体重：70~100 克
社会单位：群居
保护状况：无危
分布范围：北美洲东部，从纽芬兰至德克萨斯州和科罗拉多州

冠蓝鸦的背部主要的颜色为蓝色，略有一些紫色的色调，脸部至喉咙环绕着一条黑色条纹。

栖息于橡树和松树茂密的森林。是一种定居鸟，但某些群体会迁徙。其主要食物是在树上或地面上寻得的坚果，也吃其他鸟类的雏鸟和卵。此外，它们也会捕食两栖动物和昆虫。

它们的鸣唱声很响亮，声调强烈且多变。它们通常站立于树枝上鸣唱。此外，它们也使用身体语言沟通，特别是通过移动和改变其冠的位置来沟通。它们飞行时相当安静，是一夫一妻制，在春季时许多雄鸟会同时向一只雌鸟求偶，雄鸟在地上低头发出鸣叫声。雄鸟和雌鸟双方会共同在大型灌木上使用树枝和其他材料筑巢。雌鸟产 4~5 枚卵并负责孵化 16~18 天。雏鸟由双方共同喂养。

喙

喙坚硬且锋利，利于它们进食时剥开坚果。

Cyanocorax chrysops

绒冠蓝鸦

体长：35~37 厘米
体重：124~170 克
社会单位：群居
保护状况：无危
分布范围：南美洲（巴西南部、乌拉圭、阿根廷北部、巴拉圭和玻利维亚）

绒冠蓝鸦的背部为蓝紫色，腹部为奶油色，头部、颈部和突出的冠为黑色。它们觅食时由 10~12 只个体组成一个群组，活跃地短飞或迅速飞行于树枝间或地面上以寻找食物。它们能模仿其他鸟类的鸣叫声和猴子的声音，甚至也能模仿人类的声音。它们是一种很特别的鸟，经常聚集成小群体跟在游客后方。

眼睛

虹膜是黄色的，跟黑色的羽毛呈强烈对比。

Cyanolyca nanus

小蓝头鹊

体长：20~24 厘米
翼展：29~31 厘米
体重：39~41 克
社会单位：群居
保护状况：易危
分布范围：墨西哥

小蓝头鹊是小型且体形细长的鸦科鸟，羽毛颜色为钢铁般的蓝色，面部为黑色。栖息于海拔高度介于 1400~3200 米的潮湿的橡树林或松树林。它们会发出 3 种像是鼻音的鸣叫声，以及 1 种警示鸣叫声。它们以高难度且敏捷的动作迅速地捕捉猎物，通常跟其他鸟类一样，由 4~10 只组成一个小集体共同觅食。它们在树冠下方寻找昆虫、甲虫、双翅目昆虫、附生植物作为食物。每年 3 月它们会在高度介于 7~15 米的橡树的树冠上筑巢。

Pica pica

喜鹊

体长：45~50 厘米
体重：160~250 克
社会单位：群居
保护状况：无危
分布范围：欧洲、亚洲中部、非洲、北美洲

喜鹊是北半球地区常见的鸦科鸟类，羽毛颜色为黑色和白色交错，且尾巴相当长。栖息方式为小群体群居，在冬季时会组成大群体。它们的飞行特点是快速振翅后短暂滑翔。它们会发出像是“喳喳喳”的鸣叫声，不柔和、迅速且重复。喜欢栖息于广阔的树林、耕种过的田地以及其他修建过的环境，如垃圾场和道路与村庄的边缘区域。它们是杂食性鸟类，且适应能力良好。其天敌数量的减少，使它们能广泛地分布于许多区域。主要食物为昆虫、谷物、其他鸟类的卵和雏鸟。它们使用尖叫声吸引乌鸦和秃鹰到腐肉旁，当乌鸦和秃鹰啄开尸体的皮肤时，它们便接近腐肉进食。它们会储存食物，甚至也储存明亮的物体。在春季，它们会产 4~7 枚蓝绿色或灰色且带有褐色斑点的卵，由雌鸟负责孵化 18 天。雏鸟由双亲共同喂养至离巢。

翅膀
翅膀短且圆，飞行方式为快速振翅后短暂滑翔。

盗取
它们习惯“盗取”引人注目的东西放入它们的鸟巢。意大利歌剧《贼鹊》的名称源于它们这种行为。

Pyrrhocorax phrrhocorax

红嘴山鸦

体长：39~43 厘米
体重：265~350 克
社会单位：群居
保护状况：无危
分布范围：欧洲、亚洲中部和非洲

红嘴山鸦全身羽毛黑得发亮，喙为红色，细长且弯曲，相当有力的双腿为红色。栖息于靠近河流的山区，在非繁殖期通常会群居。它们虽然是陆栖鸟，但拥有非凡的飞行能力。它们在山地草原和灌木丛地区觅食，主要食物为昆虫、蜘蛛、谷物、水果和种子。它们在山洞、悬崖和废弃的建筑物筑巢。雌鸟产 3~6 枚呈橄榄灰色的卵，并负责孵化 17~21 天。雏鸟由双亲共同喂养。

Macronyx capensis

橙喉长爪鹡鸰

体长：19~20 厘米
体重：46 克
社会单位：成对
保护状况：无危
分布范围：非洲南部

橙喉长爪鹡鸰性别二态性：雄鸟的特征在于它橙色喉咙的边缘处颜色较深，而雌鸟的颜色虽与雄鸟相似，但颜色较淡。它们主要食物是在地面上寻得的种子和昆虫。它们在飞行时通常会发出悦耳的鸣唱声。一整年都与伴侣居住在一起，将鸟巢筑于地面。

Motacilla alba

白鹡鸰

体长：18~19.5 厘米
翼展：26~30 厘米
体重：16~25 克
社会单位：成对
保护状况：无危
分布范围：欧洲、亚洲和非洲东北部

白鹡鸰的名称和其常在水体附近活动有关。白鹡鸰是一种活跃、喜好移动的鸟类，羽毛为灰色，尾巴颜色由黑色与白色交错混合，内部羽毛为白色。雄鸟的胸部和冠为黑色。它们为迁徙鸟，在冬季时迁徙至欧洲南部，甚至也会迁徙至非洲。它们将鸟巢建于溪流附近的地面、沟壑或石头之间，建的鸟巢通常很简单，使用苔藓、草和根建造，并在内部铺上鬃毛和羽毛。雌鸟产 5~7 枚约 20 毫米 × 15 毫米大、颜色为白色且带有深色条纹的卵。它们一年可产 2 次卵，由雌鸟负责孵化，但由雌雄双方共同哺育雏鸟约 15 天。

头部
喉咙和后颈背为黑色，脸部和颈部为白色。

Corvus corax

渡鸦

体长：50~70 厘米
翼展：115~160 厘米
体重：0.7~1.7 千克
社会单位：群居
保护状况：无危
分布范围：北美洲、非洲北部沙漠、欧洲和亚洲

雏鸟
每只雌鸟产2枚卵，孵化期为30天。

渡鸦是鸦科鸟类中体形最大的鸟类，也是目前雀形目鸟类中体形最大的鸟类。发亮的羽毛、喙、有力而结实的双脚是它们鲜明的特点。在飞行时它们的尾巴会呈楔形。雄鸟与雌鸟无显著的性别二态性。

鸣叫声

它们能发出独特且易于辨识的鸣叫声，通常在飞行时、在树梢休息时或停在灯柱时发出鸣叫声。

筑巢

它们将鸟巢筑于树上，并尽量选择高度较高的位置，也会筑于岩石峭壁上、市区的建筑中或电线杆上。繁殖期时每只雌鸟产 3~7 枚蓝色或浅绿色且带有褐色斑点的卵。

一致
羽毛、喙、虹膜皆为黑色或灰色，因此，其整体外观呈暗色。

一般特性

渡鸦是杂食性鸟类，吃的食物包括体形比它们小的鸟类、卵、昆虫以及其他节肢动物和腐肉。栖息于种植区附近的群体通常会吃牧草。它们具领地性，会占领并保卫领地。是一夫一妻制，一生只有 1 个伴侣。在冬季它们会聚集成无数个群体并共享栖息区域。它们的求偶方式相当具吸引力，通常会执行一段求偶的飞行，甚至包括倒着飞。

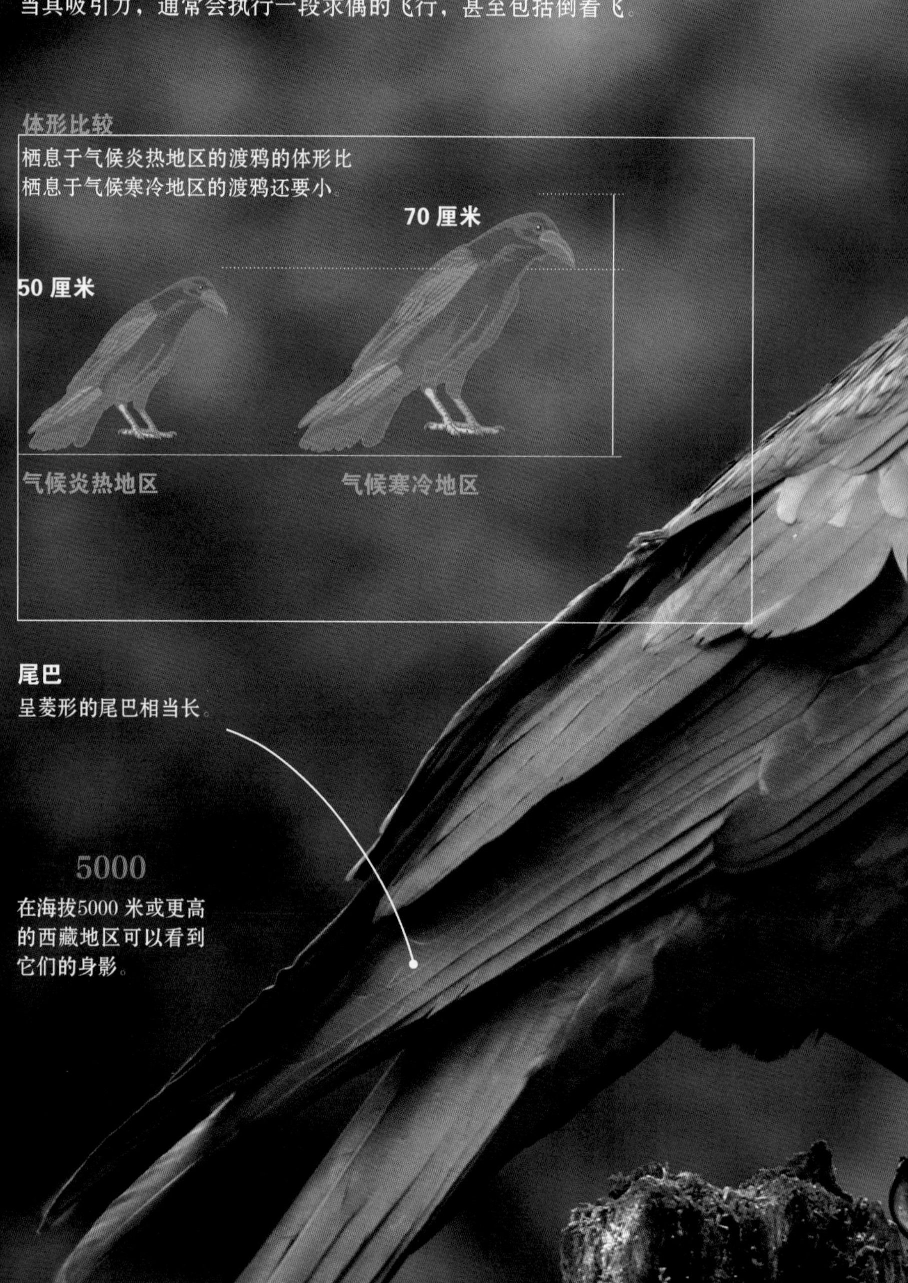

智力

渡鸦是智力最好的鸟类之一，有许多科学家用研究论文来证实这一点。其中一项较有趣的研究是阐释它们如何取得一块用绳子捆绑并悬挂在树枝上的肉。它们在之前没有任何相似的经验，最后它们使用两种方法解决：①用喙固定绳子，用脚交替一段一段地踩绳子并搭配喙慢慢将绳子往上拉；②将绳子往上拉，之后通过双脚，一脚踩绳一脚固定并配合喙慢慢将绳子往上拉。这两种方式的最后步骤都是使用喙解开绳子，取得捆绑在绳子末端的肉块。

1 停在一根树枝上，发现肉块正悬挂在下方。最初它们会先尝试拉扯绳子。

2 它们有能力先扯起绳子的一小段，之后用单脚固定，这时食物离它们更近，因此它们重复这个动作。

3 持续几次这个动作之后它们就能取得肉块并食用。某些渡鸦会用双脚交替踩绳，将绳子拉起。

Pseudochelidon sirintarae

白眼河燕

体长：15 厘米
体重：40 克
社会单位：群居
保护状况：极危
分布范围：泰国

白眼河燕的羽毛颜色主要呈发亮的黑色，经光折射后有绿色或蓝色的虹彩，臀部为白色。幼鸟的羽毛颜色为棕色。眼周和虹膜为白色，相当引人注目。它们的翅膀长而窄。冬季栖息于较潮湿的区域，夏季无明确的栖息区域，它们可能寻找靠近水源的区域或是依据它们的喜好寻找栖息地。芦荟生长的区域是它们最喜欢的栖息地之一，特别是它们的遗骸发现区域——博拉碧湖附近。它们休息时群体聚集，跟其他族群的燕科鸟类一同休息。它们的食物为飞行时捕捉的昆虫。筑巢时间介于 2~4 月，将巢筑于洞穴或洞孔。

保护状况

猎捕和栖息环境受到破坏，特别是筑巢区域受到破坏，是导致它们数量减少的主要原因。

Progne subis

紫崖燕

体长：17 厘米
体重：45 克
社会单位：群居
保护状况：无危
分布范围：美洲

紫崖燕体形中等，颈部较短，翅膀尖。雄性成鸟身体和头部的颜色相同，为带有光泽的紫蓝色。雌性成鸟羽毛主要颜色为棕色、灰色和白色。它们跟大多数亲缘鸟类相同：在空中飞行时捕食昆虫。长而尖的翅膀以及分叉的尾巴能让它们进行曲折且快速的飞行。它们栖息于草原、溪流或湖泊附近的广阔区域，将鸟巢筑于岩石之间的洞孔或树上，并在内部铺上稻草和羽毛。繁殖期它们会群体聚集在一起，雌鸟产 4~5 枚白色的卵。当北美洲的冬季即将来临时，它们会从北方往南方迁徙，飞行很远的距离去寻找食物资源丰富的区域栖息。

食物

它们的喙和嘴巴都很宽，让它们在飞行时易于捕获昆虫。

人类协助

在美国东部的人们通常会建造人工鸟巢让迁徙的紫崖燕居住，某些地方甚至会庆祝它们的抵达。

Riparia riparia

崖沙燕

体长：11.5 厘米
体重：12.5 克
社会单位：群居
保护状况：无危
分布范围：美洲、欧亚大陆、非洲中部和南部

崖沙燕的背部为棕色，除了尾巴之外，腹部和胸部为白色，且胸部有棕色条纹。喙和双脚为黑色。幼鸟的颜色和成鸟相似，但是它们胸部的色带较宽且颜色较浅，不那么明显。它们栖息于稀树草原、草原和湿地，在繁殖季节会向南方迁徙。

在洞穴中筑巢

雄鸟与雌鸟共同挖掘3~4 天。洞穴的深度可达1 米。

Hirundo rustica

家燕

体长：14.6~19.9 厘米
体重：16~24 克
社会单位：群居
保护状况：无危
分布范围：全世界

家燕为迁徙物种，是分布范围最广泛的燕科鸟类。它们的背部为蓝色，喉咙为红色，翅膀为黑色，与白色的腹部形成强烈对比。它们动作很敏捷，在飞行时捕食昆虫。鸟巢由雄鸟和雌鸟共同建造，雄鸟负责捍卫领地。雌鸟产 3~6 枚卵，通常由雌鸟孵化 13~16 天。

Hirundo megaensis

白尾燕

体长：13 厘米
体重：12~15 克
社会单位：群居
保护状况：易危
分布范围：埃塞俄比亚

白尾燕尾巴边缘的羽毛颜色为白色，中央的羽毛较长且颜色较深，背部的羽毛为深蓝色，且有一些棕色的色调，腹部为全白色。它们的身体很结实，翅膀和喙都相当长。雌鸟和幼鸟背部的颜色为棕色，腹部为白色。

它们是埃塞俄比亚的特有物种，喜欢栖息于东部地区靠近水域的广阔森林中。通常在 4~5 月的雨季时繁殖。它们将鸟巢筑在洞穴中，并在内部铺上稻草和羽毛。它们飞行敏捷，且会发出嘹亮的鸣叫声，并于飞行时捕获大量的昆虫（特别是甲虫），这也是它们主要食物。它们面临危机的主要原因在于栖息地被转换为农用地和牧场。

Delichon urbicum

白腹毛脚燕

体长：13~15 厘米
体重：12 克
社会单位：群居
保护状况：无危
分布范围：欧洲、亚洲和非洲

白腹毛脚燕的背部为蓝黑色，臀部和腹部皆为白色。它们在繁殖时期会组成数量相当大的群体。它们经常在峭壁和悬崖上集体大量筑巢。雌鸟在 4 月底或 5 月初开始产卵，产 4~5 枚白色的卵（有时候有深色斑点）。它们已经相当适应人类居住地（特别是在欧洲），因此，在许多不同的区域都能看到它们的踪迹。其主要食物为飞行类的昆虫。它们能发出两种差异极大的鸣叫声，一种为柔和的声音，另一种为感觉到危险时用于通知它们同伴的刺耳声。

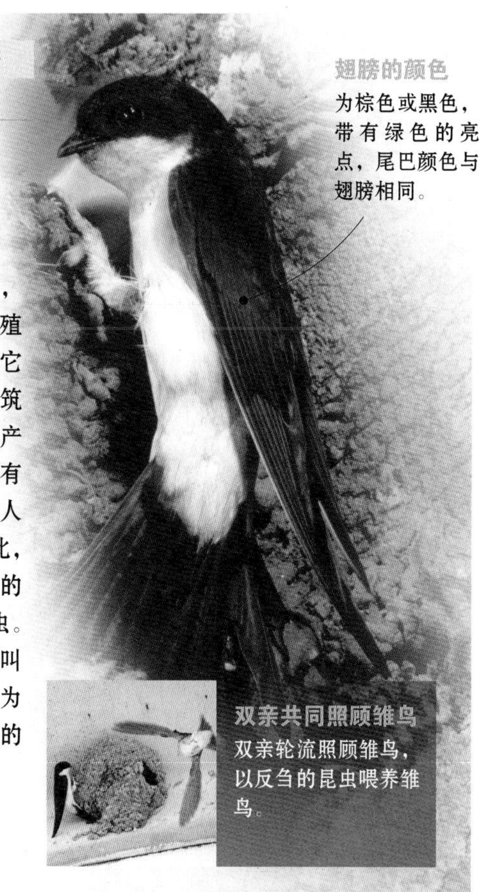

翅膀的颜色
为棕色或黑色，带有绿色的亮点，尾巴颜色与翅膀相同。

双亲共同照顾雏鸟
双亲轮流照顾雏鸟，以反刍的昆虫喂养雏鸟。

Petrochelidon pyrrhonota

美洲壁燕

体长：13~15 厘米
体重：20 克
社会单位：群居
保护状况：无危
分布范围：美洲

美洲壁燕的腹部羽毛为白色，背部为蓝黑色，经常可以看到它们跟羽毛颜色与它们相似的家燕（*Hirundo rustica*）聚在一起。幼鸟的羽毛颜色跟成鸟相同，但颜色略淡且较不透明，雌鸟和雄鸟性别二态性主要体现在雌鸟的喉咙部分为灰色。它们较喜欢栖息于开放式的空间，如稀树草原和草地，但同样也栖息于从海岸至高山地区的沼泽地带附近。当北美洲的秋季来临时，它们会开始向南方迁徙，之后在该地区的夏季快结束时再返回北美洲。雌鸟通常产 4~5 枚白色且有棕色和红色斑点的卵。孵化期大约为 2 周。

面部特征
有显著的白色眉毛，喉咙和颈部为棕褐色。

泥土和稻草
它们将鸟巢筑于人类的建筑上，如桥梁和其他建筑物。

Ptyonoprogne rupestris

岩燕

体长：14.5 厘米
体重：20~25 克
社会单位：群居
保护状况：无危
分布范围：欧亚大陆北部，从欧亚大陆北部迁徙至南部，也迁徙至非洲北部

岩燕栖息于沿海峭壁和海平面高达 2000 米的山区，它们也将巢筑于人类的建筑物上，但这种情况出现的概率比其他鸟类低。它们是少数栖息和迁徙都局限于北半球的燕科物种之一。它们会组成小群体共同筑巢，雌鸟每年产卵 2 次，每次产 3~5 枚白色的卵。

攀禽

门：脊索动物门

纲：鸟纲

目：雀形目

科：2

种：79

旋木雀、雷啸鸟、䴓鸟都属于攀禽。䴓科和鹨雀科鸟类的特征在于它们能在树上熟练地走动，且使用各种特技移动，有时候会将头朝下。它们的脚相当有力且趾甲呈钩状，这有利于它们抓紧树枝。它们所吃的食物大多数为昆虫，但也有些物种属于杂食性，也吃鱼类。主要栖息的区域为森林和丛林。

Sitta europaea

茶腹䴓

体长：14 厘米
体重：19~24 克
社会单位：群居
保护状况：无危
分布范围：欧洲、亚洲和非洲西北部

茶腹䴓栖息于多种不同类型的森林，包括落叶林、河岸森林等。它们会在这些森林地区的树干上移动寻找食物，利用它们有力的脚攀爬，也会用脚抓紧树枝，之后转身将头朝下。当它们在一棵树上寻找完食物之后会飞至另一棵树。它们偶尔也会在地上觅食。它们全年大部分时间都吃昆虫，特别是甲虫、双翅目、革翅目昆虫及其幼虫，有时候也会吃蜘蛛和小软体动物。夏季时它们大多吃榛子和橡子，以及拥有坚硬外壳的坚果，它们会用其强而有力的喙将坚果坚硬的外壳撬开，取得内部的果实。

它们几乎都是成对行动，有时候会组成数量很多的群体。它们将鸟巢筑于高度约 2 米的树洞或墙壁的洞孔中，并在鸟巢内部铺上树皮碎片和干树叶，通常会用泥土将鸟巢入口缩小以防止天敌入侵。它们也会使用其他物种遗弃的鸟巢。雌鸟在 4~5 月间产大量白色且带有斑点的卵。孵化期为 14 天，雏鸟出生后约 1 个月即能开始飞行。喂食雏鸟的工作由双亲共同负责。

它们会发出各种不同音调的鸣叫声，其中最常见的是类似金属声的高音鸣叫。它们是定居鸟，但也有可能为了寻找较温暖的区域而迁徙。

Sitta canadensis

红胸鳾

体长：14.5 厘米
体重：20 克
社会单位：群居
保护状况：无危
分布范围：北美洲

红胸鳾的羽毛通常为蓝灰色，胸部为淡红色，头部为黑色和白色相间，腹部为栗色。它们非常依赖针叶树，因为它们需要从树上取得大量的昆虫和种子作为它们的食物，且它们习惯将食物储存于树皮缝隙以便在冬季时食用，但如果食物短缺，北方的物种会迁徙至南方。它们将鸟巢筑于树洞，且习惯在鸟巢的开口处涂上树脂，并保持黏稠状，可能是利用这个方式防止蚂蚁入侵。成鸟在冬季中期组成伴侣，雏鸟在春季出生。

进食
喙尖锐且灵活，这是利于它们捕捉猎物的两个主要特征。

Sitta victoriae

白眉鳾

体长：11.5 厘米
体重：15~20 克
社会单位：群居
保护状况：濒危
分布范围：缅甸

白眉鳾栖息于橡树林以及其他树林区。背部和头部羽毛颜色为明亮的天空蓝，胸部和脸部为白色，腹部为橙色。它们跟其他攀禽类鸟类一样，将鸟巢筑于树洞内，雌鸟产 4~10 枚卵。雏鸟出生之后待在鸟巢内 20~25 天，由它们的父母喂食。

保护状况

它们面临的主要威胁在于栖息地的树木被砍伐以及栖息地被转换为农业用地。有时候它们也会被捕捉放入鸟笼作为宠物贩卖，这也是导致它们数量减少的原因之一。

Sitta carolinensis

白胸鳾

体长：14 厘米
体重：18~30 克
社会单位：成对或群居
保护状况：无危
分布范围：北美洲

白胸鳾的背部颜色为天空蓝，头部颜色为呈对比的深蓝色或黑色。腹部和脸部为白色。它们跟大部分同种鸟类一样，栖息于森林地区，特别是落叶松林，但在某些情况下，它们也会栖息于针叶林。它们在树上度过大部分时间，包括将鸟巢筑于树洞，并且在树上捕食生活在树皮夹缝中的昆虫和幼虫，包括蝗虫、甲虫、蚂蚁以及其他昆虫，这是它们饮食的一部分。此外，它们也吃种子和果实。它们的体形较小，翅膀和尾巴较短，与身体相比，头部看起来较大，趾甲同样也很长，喙相当有力且灵活。喙的这两个特征是利于它们捕捉猎物的主要特征。短翅膀有利于它们在封闭的植被空间飞行，机动性更大且能灵活移动。雄鸟和雌鸟通常一整年都共同生活，一起捍卫领地，防止入侵者。鸟巢由雌鸟负责建造，使用树皮、毛发和泥土建造。雌鸟最多产 9 枚有深色小斑点的白色卵。孵化期为 13~14 天，孵化期间由雄鸟负责雌鸟的食物，雏鸟出生之后雄鸟也帮忙喂食雏鸟。冬季它们会跟其他鸟类聚集在一起进食，通常会跟山雀科鸟类，例如大山雀一起进食。

羽毛
背部羽毛为稍微发亮的蓝色，与背部相比，翅膀的颜色看起来较暗。

脸部
喙顶端为蓝色，脸部的色调为较淡的蓝色。

Sitta pygmaea

侏儒鳾

体长：10 厘米
体重：10~15 克
社会单位：群居
保护状况：无危
分布范围：北美洲

侏儒鳾是一种拥有熟练攀爬技能的鸟类，它们非常好动，是体形最小的鸟类之一。主要食物为昆虫以及在树皮下寻得的昆虫幼虫。当冬季昆虫活动量降低时，它们也吃果实和种子。它们选择在针叶树干的干燥处或树干上腐烂形成的树洞处筑巢，并在内部铺上菠萝片等软植物。它们的繁殖期在春季，在 4~6 月间雌鸟产 4~9 枚有褐色斑点的白色卵，孵化期大约 16 天。雏鸟喂养期间双亲可能有其他帮手帮忙喂食，雏鸟在出生二十几天后离开鸟巢。在非繁殖期它们可能组成群体，甚至一起栖息在同一个洞孔，在这种情况下，可能会有 100 只以上的鸟类共同挤在同一个树洞中。

主要食物
松果含有31％的蛋白质，是所有种子中蛋白质含量较高的种子之一。

Sittasomus griseicapillus

绿䴕雀

体长：15 厘米
体重：12~20 克
社会单位：独居
保护状况：无危
分布范围：美洲，从墨西哥中部至阿根廷和乌拉圭

绿䴕雀的喙跟灶鸟科的其他鸟类相比明显较短。它们体形较小，跟其他亲缘鸟相同，它们的羽毛无条纹或鳞片。它们是唯一上半身羽毛颜色呈现由黄色到油橄榄色的物种，而下半身的羽毛颜色跟其他䴕雀科鸟类一样为红棕色。它们的尾巴很长，颜色为红褐色。栖息习性为单独生活，主要栖息于原始森林和树林，最常栖息于树冠。在奥里诺科河以北的区域它们的栖息范围高度可达 2300 米，但在这个区域以外，它们的栖息范围最高至 1600 米。它们以螺旋状的方式爬上树干，之后再向下飞至另一棵树寻找昆虫作为食物。

它们将鸟巢筑于树洞内，并在内部铺上软质植物，雌鸟产 2~3 枚卵。它们的主要食物为昆虫，大多数都从树皮中寻得。有时候会看到它们跟其他物种的鸟类聚集在一起。

Lepidocolaptes angustirostris

窄嘴䴕雀

体长：15~18 厘米
体重：13~20 克
社会单位：独居
保护状况：无危
分布范围：巴西、玻利维亚东部、巴拉圭、乌拉圭和阿根廷北部

窄嘴䴕雀的背部为红褐色。脸上突出的宽眉毛和喉咙皆为白色。冠和后颈背的色调为暗色，但其白色条纹相当明显。喙细且长，相当锋利且呈弯曲状。

它们天然的栖息环境包括树林、森林和草原，同样也栖息在都市内不同的区域，如公园和广场。它们是典型的攀禽鸟类，经常攀爬树干，在树干中寻找昆虫、昆虫幼虫、蜘蛛以及任何生活在树皮或树皮下方的其他无脊椎动物作为食物。

它们会自己筑巢，也会使用其他啄木鸟遗弃的鸟巢，通常是位于树干或木桩的洞孔的鸟巢。为了让鸟巢更舒适，它们会在内部铺上碎树枝和其他软质植物。雌鸟在繁殖期产 3~4 枚白色且呈卵圆形的卵，只由雌鸟负责孵化，之后由雄鸟和雌鸟共同喂养雏鸟。虽然它们是独居的鸟类，但根据观察记录显示，它们有能力参与小群体或其他物种的小群体。它们的鸣叫声由 3 种逐渐减弱的声调所组成。

它们不常行走于地面，但有时候为了寻找食物会在地上行走，在已倒落于地面上的树干洞孔内寻找是否有食物。

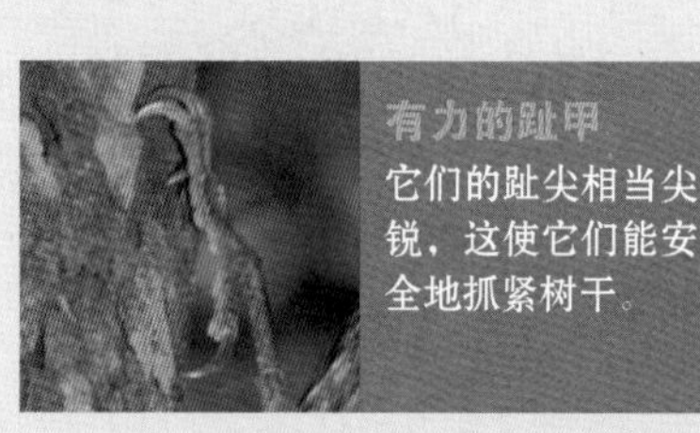

有力的趾甲
它们的趾尖相当尖锐，这使它们能安全地抓紧树干。

长喙
是它们用于深入树皮下方和所有裂缝中寻找食物的工具。

在树干上
跟其他栖息于北半球的攀禽鸟类不同，它们在攀爬时会使用尾巴作为垂直支撑。

Xiphocolaptes major

大棕䴕雀

体长：30~34 厘米
体重：100~150 克
社会单位：独居
保护状况：无危
分布范围：阿根廷、玻利维亚、巴西和巴拉圭

大棕䴕雀栖息的范围很广泛，包括干燥的森林、水边森林、亚热带森林以及大部分有林地的环境。它们厚且长的喙相当引人注目。羽毛颜色以红色为主，特别是背部和腹部侧面的色调最明显，且腹部侧面有淡淡的白色条纹。主要食物为在树皮中寻得的昆虫，但它们也习惯在地面上行走，寻找栖息于地面的无脊椎动物作为食物。生活的习性为独居，但有时候也会成对或由 3 只个体共同组成小群体出现。它们会在选择建造鸟巢的洞孔内铺上小型植物材料，如碎树枝、树叶和碎树皮等来让鸟巢更舒适。雌鸟在鸟巢内产 2 枚长 36~37 毫米、宽 27 毫米的白色卵。

Campylorhamphus trochilirostris

红嘴镰嘴䴕雀

体长：21~28 厘米
体重：25~50 克
社会单位：独居
保护状况：无危
分布范围：美洲，从巴拿马至阿根廷北部

红嘴镰嘴䴕雀的背部和尾巴为红褐色，上半身（背部至腹部）有白色或黄色长条纹，冠为深褐色，喉咙的色调接近白色。它们的喙相当特别，呈镰刀状且相当细长，是亲缘鸟类中喙最长的鸟类之一。栖息于森林、水边林地、阿根廷查科地区的湿润和半湿润山区。通常栖息于高度较高的区域，奥里诺科河以北栖息区域的海拔可达 2000 米，以南海拔可达 1000 米。它们飞行的高度能达到 1500 米，但通常它们的飞行高度都不超过 150 米。它们是独居鸟，但有时也会看到它们跟其他物种的鸟类组成群体。其主要食物为无脊椎动物，它们不在树皮中捕食，而是从掉落的树枝、附生植物、菠萝科植物之中觅食。雌鸟产2枚白色的卵，产于由雄鸟选择的树洞中，孵化期为 2 周。

Drymornis bridgesii

弯嘴䴕雀

体长：30~35 厘米
体重：100 克
社会单位：群居
保护状况：无危
分布范围：玻利维亚东部、巴拉圭、阿根廷北部和乌拉圭

弯嘴䴕雀是䴕雀科鸟类中体形最大的攀禽之一，经常可以看到它们在地上翻动蚂蚁窝和蚂蚁粪便。它们的鸣唱声相当尖锐且强烈，很容易辨识，通常是由雄鸟和雌鸟一起配合鸣唱。栖息于森林、草原和农村地区，它们的数量相当多。它们通常不自己寻找筑巢的洞孔，而是直接使用啄木鸟所啄的洞孔筑巢。它们的繁殖期在春季中期，雌鸟产 3 枚白色的卵并负责孵化，之后由雌鸟和雄鸟轮流喂养雏鸟。当雌鸟带着食物接近雏鸟时，雏鸟会相当喧闹。

食物
它们所吃的食物包括蚯蚓、蜘蛛、蜈蚣、蝎子、毛毛虫和蠕虫。

Xiphorhynchus picus

直嘴䴕雀

体长：22 厘米
体重：30~50 克
社会单位：群居
保护状况：无危
分布范围：南美洲北部

直嘴䴕雀的羽毛的颜色普遍和其亲缘鸟类相似，后颈背、颈部和整个上半身为白色并有少许的鳞片状斑纹点缀，头部颜色较深，身体的其他部位为显著的红色，特别是尾巴的颜色较深。它们会独自或成对地在树干上觅食，它们经常和其他物种的鸟类混合成群。它们强烈的鸣唱声是由一系列类似口哨声的音调逐渐递增所组成的，鸣唱的速度很快。栖息的区域包括森林、沼泽森林、树林边缘、红树林、热带红树林、干草木丛、荒地周围、水边森林、花园和公园。栖息区域的海拔高度介于 200~1400 米。它们将鸟巢建于树洞，在内部铺上软质植物。雌鸟产 2~3 枚卵。雏鸟为留巢性鸟。

不显眼的鸟类

门：脊索动物门
纲：鸟纲
目：雀形目
科：4
种：381

所有这个群体的鸟类（如灶鸟科、窜鸟科、鶲鸫科、河乌科等）的羽毛颜色都不显眼，易于隐蔽，主要颜色为褐色、红褐色、白色和灰色。它们的体形中等，主要食物为无脊椎动物。它们的鸣叫声通常强烈且喧闹。许多物种习惯栖息于靠近人类建筑物的区域或直接在人类的建筑物内筑巢。

Chilia melanura
岩灶鸟

体长：17~18.5 厘米
体重：40 克
社会单位：群居
保护状况：无危
分布范围：智利

跟其他灶鸟科鸟类一样，岩灶鸟的颜色不鲜艳，喉咙的颜色最醒目，尾巴相当长。栖息于海拔高度在 3000 米以内的丛林峭壁、岩石间、山脉的沙质斜坡地区，通常在冬季会迁徙至地势较低的太平洋海岸地区。它们的飞行短且慢，但步行时却迅速敏捷。几乎每隔一段时间它们就会举起尾巴，张开翅膀并迅速合起，并且像是行礼般地低着头。它们在白天较活跃，性格较多疑，通常隐藏在岩石或灌木丛之中。鸣唱声相当快速且尖锐，听起来像是笑声。它们相当具领地性，春季在地面挖掘洞孔建造鸟巢或寻找仙人掌及树干的洞孔用稻草筑巢，并在内部铺上羽毛。雌鸟产 3~4 枚白色的卵。

辨识
最早发现它们的人将它们跟斑尾爬地雀（*Eremobius phoenicurus*）搞混了，两种鸟类的外观非常相似。

长喙
相当直，一些个体的喙看起来是向上弯曲的。

好动
它们敏捷地在岩石之间和岩石坡的灌木丛中移动，寻找种子和花朵作为食物。

Cinclodes antarcticus
淡黑抖尾地雀

体长：18~23 厘米
体重：40~44 克
社会单位：独居或成对
保护状况：无危
分布范围：阿根廷南部和智利

淡黑抖尾地雀栖息于岛屿、岩石海岸、沙滩和秣草类草丛。雄鸟和雌鸟羽毛的颜色皆为深褐色。它们的喙很长，相当有力且呈弯曲状。鸣叫声强烈且尖锐。它们在布满海藻的海滩以及其他鸟类和海洋哺乳动物栖息的区域游走，寻找小型无脊椎动物、反刍物、粪便和腐肉作为食物，甚至也吃食物残渣。繁殖期为 9~12 月，雌鸟一年能产 2 次卵。它们在岛屿上的栖息地常被老鼠和猫入侵并占领。

Synallaxis scutata
褐颊针尾雀

体长：14 厘米
体重：12~15 克
社会单位：成对
保护状况：无危
分布范围：阿根廷、玻利维亚和巴西

褐颊针尾雀栖息于海拔高度 1700 米以内的阔叶林和热带雨林的边缘地区。通常成对一起在植被下层行走，跳跃于树枝之间，有时也会在地面上行走，同时不断地发出典型且急促的鸣叫声。其主要食物为昆虫。

背部为橄榄棕色和红褐色，脸部有白色的眉毛，喉咙处有一块黑色斑纹。身体的下半部分为赭石色。

Pseudoseisura lophotes

褐巨灶鸫

体长：23~26 厘米
体重：60~90 克
社会单位：成对
保护状况：无危
分布范围：玻利维亚、巴拉圭、巴西、阿根廷和乌拉圭

褐巨灶鸫的雄鸟和雌鸟的羽毛颜色相同，其体形、头顶的冠羽和栗色的色调相当显眼。雄鸟和雌鸟的眼睛皆为黄色。它们相当喧闹且活跃，栖息于森林、查科干灌木丛（介于彭巴草原和查科草原之间）、草原、农村区域和郊区。它们停在中等高度的地方休憩，且经常降落至地面行走。它们建造的鸟巢相当大，长度可达 1 米，筑于水平的树枝上。鸟巢由 2~3 只鸟使用长木棍共同建造，通常会放置各种物体，如塑料和树皮块。鸟巢通常建得很简单，但相当坚固，足以抵挡大风，也可作为冬季的庇护所。繁殖期在 10 月至次年 1 月，雌鸟产 3~4 枚白色的卵。它们的鸣唱声相当强烈且很有特色，通常跟它们的伴侣一起合唱，鸣唱的时候会拍动翅膀。它们主要食物是昆虫和种子。

觊觎鸟巢

其他动物，如白耳负鼠（*Didelphis albiventris*）会将褐巨灶鸫的鸟巢作为庇护所或作为其庇护所的底座。

尾巴
颜色为淡红色，很长。

Schoeniophylax phryganophilus

霍托针尾雀

体长：21~22 厘米
体重：15 克
社会单位：成对
保护状况：无危
分布范围：玻利维亚、巴拉圭、巴西、阿根廷和乌拉圭

霍托针尾雀的喉部有 3 种颜色，包括黄色、黑色和白色。尾巴很长，末端分叉。栖息于干燥森林（特别是边缘区域）和热带草原地区的水源附近。

它们的鸣叫声是一种特殊的“咯咯”声，很容易辨识，它们也以此向同类宣示领地权。它们成对居住，但在冬季时会跟其他大群体共同居住。它们将鸟巢筑于多刺的树上，雌鸟产 4~6 枚卵。纵纹鹃（*Tapera naevia*）经常把卵寄生在它们的巢穴中。

它们相当有自信，但习惯藏身于某处。其主要食物为昆虫。

Anumbius annumbi

集木雀

体长：20~21 厘米
体重：31 克
社会单位：成对
保护状况：无危
分布范围：玻利维亚、巴拉圭、巴西、阿根廷和乌拉圭

集木雀羽毛的颜色相当温和，喉部为白色，周围环绕黑色细条纹，尾巴长而尖，背部有横向条纹，眉毛呈赭石色。它们停在树枝或电线杆上休憩，也会降落到地面上行走，寻找昆虫和种子作为食物。雄鸟和雌鸟使用木棍共同建造一座巨大的鸟巢，它们将鸟巢筑于树上、电线杆上或栅栏上。雌鸟产 3~5 枚卵，之后由双方共同孵化 15 天。

Asthenes hudsoni

赫氏卡纳灶鸟

体长：7~19 厘米
体重：18~19 克
社会单位：独居
保护状况：无危
分布范围：阿根廷、乌拉圭和阿根廷

赫氏卡纳灶鸟的羽毛颜色温和，几乎总是藏身在牧场或靠近水源区的淹没草原。它们喉咙的羽毛为白色，背部斑纹的颜色为肉桂色、灰色和黑色。雄鸟和雌鸟的外观相似。通常在飞行时会发出鸣叫声，飞行高度低且速度缓慢，有时会直接“潜入”牧草中。某些区域的群体为迁徙鸟，秋季时会向北方迁徙。在某些区域它们的数量因栖息地的改变而正在减少。

Lochmias nematura

尖尾溪雀

体长：13~15 厘米
体重：32~35 克
社会单位：独居或成对
保护状况：无危
分布范围：南美洲

尖尾溪雀栖息于森林、溪流附近，在岩石和树枝间跳跃。它们面部长而白的眉毛和黑色腹部的白色鳞片状羽毛相当显眼，背部为深褐色，尾巴相当短。它们的整体外观会让人联想到公鸡和窜鸟（窜鸟科）。单独或成对生活，虽然它们很有自信，但经常藏身于某处，令人很难看见它们。它们的鸣唱声为短而快速的颤音。

其主要食物为昆虫和其他水生无脊椎动物。它们能适应在下水道附近生活，也能适应其他容易捕获猎物的区域，特别是容易捕获苍蝇的区域。

它们将鸟巢筑于靠近水源区、深度约为 30 厘米的溪谷，使用树枝和芦荟叶建造一座球形鸟巢，入口位于侧面。鸟巢内部使用苔藓和羽毛铺底，雌鸟在那里产 2 枚白色的卵。

Furnarius rufus

棕灶鸟

体长：16~23 厘米
体重：31~65 克
保护状况：无危
分布范围：南美洲

象征
1928 年棕灶鸟被选为阿根廷的国鸟。

棕灶鸟是一种因其用泥土建造的独特的炉灶状鸟巢而闻名的鸟类，其名称也源自于这种鸟巢的形状。它们的羽毛颜色不显眼，通常为棕色，胸部区域的颜色较明显，翅膀为肉桂色，喉咙为白色，尾巴为红褐色或淡红色。雄鸟和雌鸟的外观相似，它们的飞行距离相当短，因为它们经常在地上行走寻找食物。它们会发出特殊的鸣唱声吸引异性、互相警告或通知留在鸟巢的伴侣它们将返回鸟巢。

栖息地

它们栖居在明确划定范围的小面积的领地中，为定居型鸟类。栖息的区域包括草原、灌木林、城市化地区（海拔可达 3000 米），但它们较喜爱开放式且能够找到适合建造鸟巢的材料的区域。筑巢的位置通常靠近水源区。

二重唱
它们会发出一系列像是金属声的尖锐的鸣唱声，由雄鸟发起，雌鸟跟着伴唱。

如同一个泥土炉子

它们建造的鸟巢是所有鸟类建造的鸟巢中最知名的一种，鸟巢通常为穹顶形，开口在侧面。鸟巢由雄鸟和雌鸟共同建造，使用的材料为泥土及牛粪，再加入干稻草、马鬃、树根和树枝，以使其更为坚固。完成这座鸟巢需使用数十千克的泥土，需要花 1 周到 1 个月的时间完成。它们使用喙或棒棍塑造鸟巢的外形。

12 千克
鸟巢的重量可达12 千克，但通常鸟巢的重量都介于 3~5 千克。

食物

它们的食物相当多样，但它们较喜欢吃无脊椎动物，如蚯蚓、蜗牛、蜘蛛、各种昆虫和甲壳类动物（潮虫），此外，它们也吃种子。为了寻找食物，它们会在地面上行走，用喙翻动泥土和稻草寻找食物。它们可以单独或成对觅食。

红褐色
跟栗褐色相似，是棕灶鸟羽毛的主要颜色。其学名中“*rufus*”一词源自此特点。

繁殖

虽然它们花费很多时间建造鸟巢，但它们只使用一次，当雏鸟离开鸟巢之后它们就会放弃鸟巢，之后可能会被其他鸟类使用。雌鸟产 2~4 枚卵圆形的白色卵，雌雄鸟共同孵化约 20 天。

脚
脚的颜色为灰色或褐色。它们利用脚来挖地。

用唾液建造
在繁殖期它们的唾液腺会改变且会增加分泌唾液，因为它们会将唾液融入建材中一起建造鸟巢。

喙
很薄且几乎是直的，颜色为深褐色或灰色。下颌骨的颜色较淡，嘴尖颜色较深。

眼睛
虹膜为棕色。

身体下部
喉咙为白色，腹部为桂皮色。幼鸟的颜色较淡。

1500~3000
建造鸟巢期间，它们运送泥土的次数为1500~3000 次。

内部结构

它们将鸟巢内部区隔成两个室，一室用于喂养雏鸟，一室作为通行入口。喂养雏鸟的那一室内部会铺上软质植物，如稻草和羽毛以保护卵。

2~3 厘米
鸟巢的墙壁厚度为2~3 厘米。

鸟巢的建设

鸟巢所建的位置相当多样，如树枝上、沟壑中或白蚁丘中，通常位于离地面不超过 10 米的位置。经常建在栅栏上、电塔上或水车上。

1. 它们在泥土可用的雨季选择适合筑巢的地点。
2. 首先建造一个底座，并决定鸟巢的朝向和入口。
3. 底座建造完成之后开始由外向内建造墙壁。
4. 鸟巢整体结构为圆弧状，开口朝上。
5. 最后筑一道墙延伸至内部，分隔出入口室和喂养室。

Scytalopus magellanicus

安第斯窜鸟

体长：10~12 厘米
体重：18 克
社会单位：独居
保护状况：无危
分布范围：南美洲西部

安第斯窜鸟的体形很小，羽毛颜色为黑色，相当活泼。它们的行为方式会让人联想到老鼠或鹪鹩（鹪鹩属）。在灌木丛中迅速移动，很难看到它们的身影，因为它们在起飞前喜欢藏身奔跑。栖息于成熟的森林、安第斯—巴塔哥尼亚地区茂密的灌木丛以及瓦尔迪维亚雨林，较喜爱环绕于秋竹林周围的溪流区域。它们在灌木丛的树枝间和掉落于地上的腐烂的落叶中寻找昆虫和其他无脊椎动物作为食物。是定居鸟，一整年都会发出鸣叫声宣示其领地主权。它们将鸟巢筑于裂缝、已倒下的树干洞孔、沟壑中的树根和攀附植物、蕨类植物中。鸟巢为封闭式，使用苔藓、地衣和树根建造而成。雌鸟产 2~3 枚哑光白色的卵，由雌鸟和雄鸟共同喂养雏鸟以及清理鸟巢。

Melanopareia maximiliani

绿冠月胸窜鸟

体长：14 厘米
体重：28~32 克
社会单位：独居
保护状况：无危
分布范围：玻利维亚、阿根廷和巴拉圭

绿冠月胸窜鸟栖息于干燥森林的边缘区域和丛林高地斜坡约 2000 米的区域。颜色艳丽。其特征为：有黑色的“面罩”，在胸部有黑色的条带；喉咙为黄色，腹部为橙色，形成了鲜明的对比。此外，它们的脸部还有褐黄色的眉毛。

它们的鸣唱声相当有节奏感，由单音调的金属音组成。夏季时的声音最好听，跟某种两栖动物的声音相似，栖息于各个地区的物种所发出鸣唱声的音调不太相同。

通常它们主动或被动地藏身于高度较高的地方，如果它们感觉受到打扰，会发出警示性的强烈鸣叫声，并低飞逃走。它们在地面上或所处区域附近觅食，主要食物为昆虫，特别是蚂蚁。

它们使用树叶和牧草将鸟巢建于牧场中。雌鸟产 2~3 枚有深色斑纹的白色卵。

Pteroptochos megapodius

须隐窜鸟

体长：23~24 厘米
体重：95~135 克
社会单位：成对
保护状况：无危
分布范围：智利

须隐窜鸟是一种中等体形的鸟类，栖息于智利中部半干燥的丘陵、阿塔卡马沙漠边缘和海拔达 3000 米的安第斯山麓的灌木岩石坡。白色的短眉毛、显眼的白色脸颊以及棕色和白色的腹部是辨识它们的主要标志。它们的脚很长且有力，能快速地在沙质土壤或岩石地面上移动，并且能用于翻挖土壤以寻找昆虫和蠕虫作为食物。它们能直立尾巴行走或弯下身体行走，也能安静地藏身于植物之中。其主要食物为昆虫、蠕虫和其他无脊椎动物。将鸟巢筑于深度可达 2 米的隧道，像在峡谷修建道路那样挖掘筑巢，或是筑于丘陵边缘区域。雌鸟在隧道尽头的室内产 2~3 枚白色的卵，巢穴中衬以干草。

Scelorchilus rubecula

智利窜鸟

体长：17~19 厘米
体重：34 克
社会单位：独居
保护状况：无危
分布范围：智利和阿根廷

智利窜鸟栖息于安第斯—巴塔哥尼亚地区的温带森林、假山毛榉林以及瓦尔迪维亚雨林。它们通过短飞或跳跃，在茂密的灌木丛和藤枝秋竹林中迅速移动。可以从它们的喉咙、眉毛和红褐色的胸部来区分它们。它们的鸣唱声相当有特色，由一系列非常强烈且带着空音的音调所组成。其主要食物为昆虫和果实，以及它们使用强而有力的双脚在树叶中翻找到的种子。

Teledromas fuscus

沙色窜鸟

体长：16 厘米
体重：30~32 克
社会单位：独居
保护状况：无危
分布范围：阿根廷巴塔哥尼亚地区北部

沙色窜鸟羽毛颜色柔和，是阿根廷西部和西北部的特有鸟类。它们的喙短且略呈锥形，颜色为灰色。其整体外观跟灶鸟科的鸟类相似。它们是典型的陆栖鸟，黎明的时候可以看见它们站在高树上鸣唱，它们也从那里观察，在危险性最低的时候飞入植被中。它们在隧道挖掘筑巢，将入口藏在树丛中，产 2 枚卵。

Troglodytes cobbi

科氏鹪鹩

体长：12~13.5 厘米
体重：17~20 克
社会单位：成对
保护状况：易危
分布范围：马尔维纳斯群岛

科氏鹪鹩栖息于靠近海岸的茂密的早熟禾属草丛，在海藻和海浪中捕捉昆虫为食。雄鸟会发出一种包含颤音和类似口哨声的鸣唱声，且彼此之间发出的声音不同，在 8 月至次年 2 月间它们会向其他鸟类发出鸣叫声，宣示其繁殖的领地权。它们使用牧草建造球形的鸟巢，并用羽毛和细根制成软垫垫在巢穴底部。在 10~12 月之间，雌性会产 3~4 枚有淡红色斑点的粉白色卵，一年可产 2 次卵。

Cinclus cinclus

白喉河乌

体长：18~19.5 厘米
体重：50~65 克
社会单位：独居
保护状况：无危
分布范围：欧洲、亚洲和非洲北部

白喉河乌栖息于溪流、瀑布和河流沿岸。它们身形小巧，身体结实，尾巴和翅膀较短，腿相对较长。羽毛主要颜色为褐色，喉咙和胸部羽毛为白色。它们栖息于欧洲南部，在冬季时栖息于北方的物种会向南方迁徙。

主要食物为水生昆虫及其幼虫，以及小软体动物、两栖类动物和鱼类。它们会在沿岸的岩石中奔跑捕捉猎物，也会潜入水中在水底行走寻找食物。它们的鸣唱声相当柔和且悦耳。

它们只在夏季繁殖，使用草和树叶交织建造一个大型鸟巢并隐藏于植被和石头中。雌鸟产 4~6 枚卵，并负责孵化 15~18 天。雏鸟由雌鸟和雄鸟共同喂养 20 天，20 天过后，即使雏鸟还不会飞行，它们也能自己在溪流间捕捉猎物。

潜水
它们的鼻子有类似于阀门的结构，且翅膀有肌肉，这利于它们在水中游泳。

环境质量的指示生物
它们只使用无污染的水域和快速流动的水域，如果遇到已受污染或沉积物已经饱和的水源，它们会迅速离开。

Campylorhynchus brunneicapillus

棕曲嘴鹪鹩

体长：22 厘米
体重：32~47 克
社会单位：成对或群居
保护状况：无危
分布范围：墨西哥和美国西南部

棕曲嘴鹪鹩的脸部有长长的白色眉毛，腹部有黑色条纹，背部有白色条纹。羽毛的色调为橙黄色略带点灰色。栖息于半沙漠地区，较喜爱有仙人掌和棕榈树的灌木丛，栖息的海拔高度可达 2000 米。它们擅于交际，相当活跃且喧闹，在陆地上移动的速度很快，飞行速度同样也很快且飞行路线很直。

雌鸟产 3~5 枚有红褐色斑点的粉红色卵，由雌鸟独自孵化 16 天。雌雄鸟共同喂养雏鸟 21 天，通常雄鸟会建造第二座鸟巢为下一次产卵做准备。同样它们也会建造在冬季避寒的住所。

它们会从停歇的高处发出低沉、不柔和且音调逐渐上升的单音调的鸣唱声。

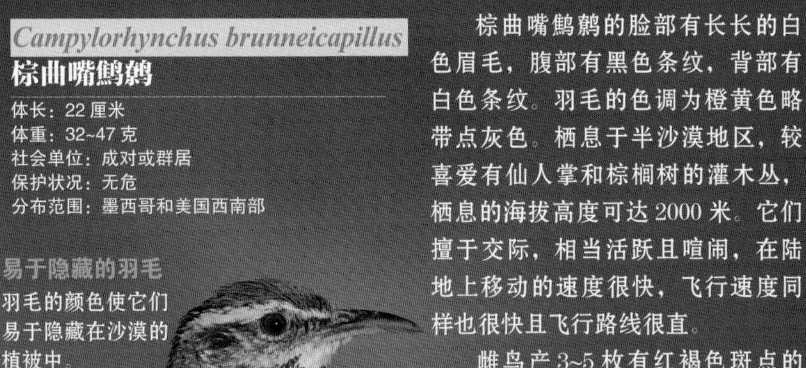

易于隐藏的羽毛
羽毛的颜色使它们易于隐藏在沙漠的植被中。

栖息地
只能在它们建造鸟巢的大型带刺仙人掌区域发现它们的踪迹。

Donacobius atricapilla

黑顶鹪鹩

体长：21~24 厘米
体重：35~40 克
社会单位：成对
保护状况：无危
分布范围：南美洲

黑顶鹪鹩栖息于洼地及热带和亚热带的河口地区。它们的体形瘦小，羽毛紧密且颜色多样：背部为黑褐色，腹部为肉桂色，头部为黑色，眼睛为黄色，尾巴为黑色和白色。求偶时雄鸟和雌鸟会停歇在同一个地方，并发出带颤音的合唱声，同时露出位于脖子两侧的黄色皮肤。雌鸟产 2 枚卵并孵化 15 天，之后由双方共同喂养雏鸟。

食虫鸟

门：脊索动物门

纲：鸟纲

目：雀形目

科：5

种：851

有许多不同的特征让它们易于捕获猎物，如有力且呈钩状的喙是这些物种中常见的特征。此外，环绕在喙周围被称为“感觉毛”的丝状长羽毛也是利于它们捕获猎物的另一个特征。蚁鸟科鸟类为食蚁专家。霸鹟科鸟类经常从它们停歇的高处通过灵活的“弹飞”捕捉猎物，之后再返回停歇处。

Taraba major

大蚁鵙

体长：19~20 厘米
体重：50~70 克
社会单位：独居或成对
保护状况：无危
分布范围：美洲，从墨西哥东北部至秘鲁和阿根廷西北部

大蚁鵙雄鸟的头部、背部和尾巴为黑色，覆羽和尾巴有白色斑点。雌鸟的背部为栗色。喙呈黑色且坚硬，虹膜为红色。

栖息于茂密的水边森林、热带草原林地以及海拔低于 1000 米的次生林。

它们的主要食物为昆虫和其他在树叶间寻得的无脊椎动物。此外，它们有力的喙让它们利于捕捉多种猎物，如蜗牛、甲壳类动物、蝌蚪、小鱼，甚至也能捕捉蜥蜴和青蛙。它们使用植物纤维、茎、地衣和一些小叶子筑巢，通常筑在灌木丛内高度约 2 米的树上。雌鸟产 2~3 枚卵，由雄鸟和雌鸟共同孵化 17~18 天。雏鸟破壳后在鸟巢内停留 12~13 天。

Thamnophilus ruficapillus

棕顶蚁鵙

体长：15~17 厘米
体重：21~24 克
社会单位：独居或成对
保护状况：无危
分布范围：南美洲

棕顶蚁鵙雄鸟的背部为褐色，腹部为白色，胸部有黑色条纹，冠为棕色，虹膜为红色。雌鸟的冠跟雄鸟的冠不同，为肉桂色，尾巴为棕色，胸部的条纹为肉桂色。主要食物为昆虫和水果。栖息于山地森林、森林和树木繁茂的草原的下木层。

Thamnophilus amazonicus

亚马孙蚁鵙

体长：14 厘米
体重：17~21 克
社会单位：独居或成对
保护状况：无危
分布范围：亚马孙河流域

亚马孙蚁鵙雄鸟的冠为黑色，翅膀通常呈铅灰色，尾巴为黑色，有白色斑纹。雌鸟的颜色和雄鸟不同，头部是较深的桂皮色。栖息于雨林，在雨林的中下层林木中上下移动。主要食物为昆虫和其他在植被中捕获的节肢动物。经常和其他鸟类组成混合群体。

Thamnophilus caerulescens

杂色蚁鵙

体长：14~16 厘米
体重：15~24 克
社会单位：独居或成对
保护状况：无危
分布范围：南美洲

杂色蚁鵙雄鸟的冠为黑色，背部和胸部为铅灰色，腹部和尾巴下方为肉桂褐色。雌鸟的冠为栗色，背部为橄榄灰色，腹部为肉桂褐色。尾巴的羽毛为黑色，羽毛尖端为白色。它们单独或成对在植被中移动，寻找甲虫、蝗虫、飞蛾、蜘蛛和其他节肢动物作为食物。此外，它们也吃种子。栖息于矮林、次生林以及海拔高度不超过2800 米的灌木丛，甚至也会在土地退化的区域看到它们的身影。它们使用稻草、树枝、草茎交织建成鸟巢，并产 2~3 枚卵。

Myrmotherula axillaris

白胁蚁鹩

体长：9~10 厘米
体重：7~9 克
社会单位：独居、成对或群居
保护状况：无危
分布范围：墨西哥、美洲中部、南美洲北部

白胁蚁鹩雄鸟的羽毛颜色为深灰色，覆羽的尖端为白色，形成条带状。雌鸟的背部为棕色，腹部为桂皮色。雄鸟和雌鸟双方都有白色侧翼。栖息于森林的中下层次生林以及某些限定的河岸地区或地势较高且有茂密芦竹的区域。它们经常跟其他同物种的鸟类组成群体共同觅食。其主要食物为昆虫和蜘蛛。

Hypocnemis cantator

歌蚁鸟

体长：11~12 厘米
体重：10~14 克
社会单位：独居或群居
保护状况：无危
分布范围：亚马孙河流域

歌蚁鸟雄鸟和雌鸟的外观相似，羽毛的颜色相当多样，冠和眼睛周围有深色条带。背部和尾巴为深褐色。胸部为白色，有黑色条纹。腹部为肉桂褐色。覆羽为黑色，有白色斑纹。栖息于热带雨林，主要在海拔 1400 米以内的河流沿岸区域。

主要食物为昆虫和蜘蛛。它们会单独或成群觅食，偶尔也会跟其他物种的鸟类组成混合群体。雌鸟通常产 2 枚卵，由雄鸟和雌鸟共同孵化。

Grallaria gigantea

巨蚁鸫

体长：24 厘米
体重：235 克
社会单位：独居
保护状况：易危
分布范围：厄瓜多尔和哥伦比亚

巨蚁鸫为同物种中体形较大的鸟类，背部为橄榄褐色，腹部是有黑色条纹的肉桂褐色。喙厚且有力。栖息于海拔超过 2200 米的潮湿山林。喜欢在地面上移动并跳跃，用它们有力的喙捕捉蠕虫、蛞蝓和幼虫。由于其分布范围受限和栖息地被改变作为农业用地使用，它们的数量正逐渐减少。

Grallaria ruficapilla

栗顶蚁鸫

体长：18.5~19 厘米
体重：70~98 克
社会单位：独居
保护状况：无危
分布范围：委内瑞拉、哥伦比亚、厄瓜多尔和秘鲁北部

栗顶蚁鸫头部为橙红色，背部为橄榄褐色，腹部为白色，有深褐色条纹。栖息于雨林边缘、次生林和海拔介于1200~3600 米的灌木丛。它们在树叶之间跳跃移动寻找食物，主要食物为蜘蛛、毛毛虫以及其他生活在地面上的昆虫。它们使用落叶、根和苔藓筑巢，雌鸟产 2 枚卵。栗顶蚁鸫是它们分布区域的常见物种，它们甚至能容忍环境的干扰。

Hymenops perspicillatus
斑眼霸鹟

体长：13 厘米
体重：23 克
社会单位：独居或成对
保护状况：无危
分布范围：南美洲（除了最北端）

当斑眼霸鹟停歇的时候，雄鸟的黑色羽毛和黄色的喙相当显眼，飞行时可以看见它们的翅膀羽毛为白色，形成鲜明对比。雌鸟的身上有棕色条纹，翅膀为红褐色。栖息于靠近潟湖、湿地、溪流或河流植被茂密的牧场区域。它们会在地上短跑或从某树枝上起飞捕捉昆虫。它们使用稻草和树叶建造鸟巢，鸟巢外观呈杯状，内部使用羽毛和毛发铺底。它们将鸟巢藏匿在植被之中，雌鸟产 3 枚卵并负责孵化，由雌鸟和雄鸟共同照顾和喂养雏鸟。

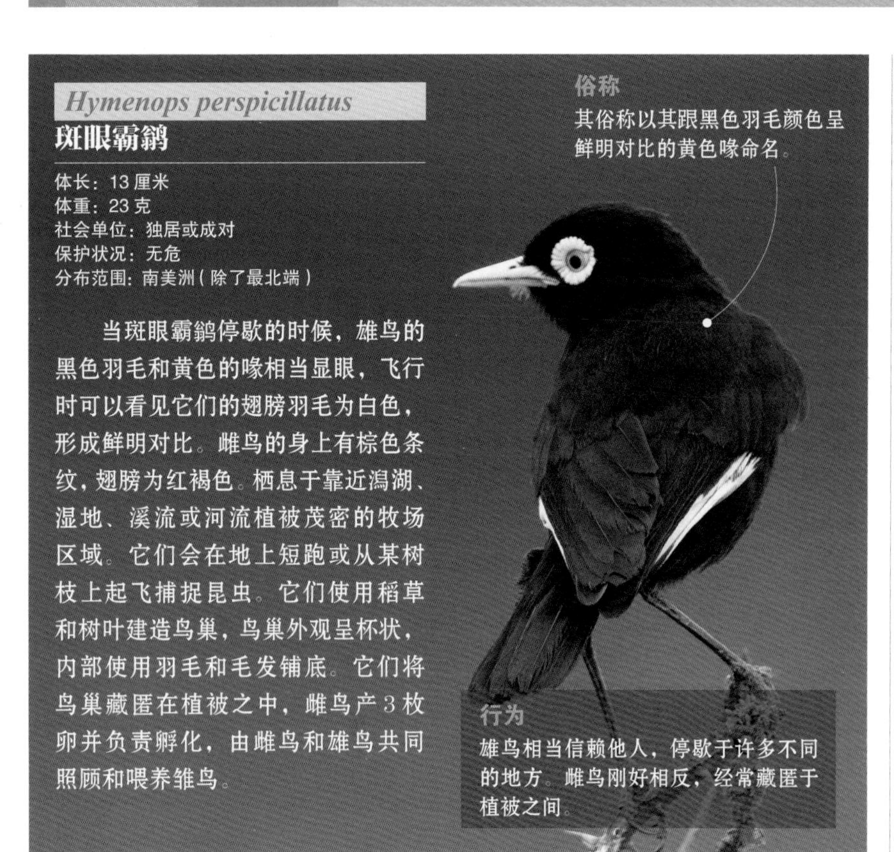
俗称
其俗称以其跟黑色羽毛颜色呈鲜明对比的黄色喙命名。

行为
雄鸟相当信赖他人，停歇于许多不同的地方。雌鸟刚好相反，经常藏匿于植被之间。

Mecocerculus leucophrys
白喉姬霸鹟

体长：12 厘米
体重：13 克
社会单位：小群体
保护状况：无危
分布范围：南美洲

白喉姬霸鹟的背部为橄榄色，脸部有白色的眉毛，经常鸣唱的宽大喉咙为白色，腹部为黄色，尾巴相当长。它们是一种活跃的鸟类，栖息于委内瑞拉至阿根廷安第斯山脉的永加斯山地森林，以及巴西、委内瑞拉和哥伦比亚的山区。最高的栖息区域海拔可达 3600 米，栖息地经常位于水域附近。栖息于南美洲北方的物种同样也栖息于人类居住区的公园和花园。它们在灌木丛的植被中移动，寻找昆虫和其他小型无脊椎动物作为食物。通常会由 3~5 只个体组成小群体，有时候会跟其他物种组成混合群体。鸟巢呈杯状，建于高度较低的树枝上。飞行时呈波浪状移动，尾巴朝下且部分展开。

Elaenia parvirostris
小嘴拟霸鹟

体长：13 厘米
体重：15 克
社会单位：独居或成对
保护状况：无危
分布范围：南美洲

小嘴拟霸鹟的羽毛颜色为灰褐色，头部和背部颜色较深，腹部的颜色偏灰色，白色的冠很少露出来。翅膀的颜色较深，飞羽有条纹，覆羽尖端为白色。

栖息于茂密的森林，有时候会栖息于人类居住区。单独或成群在植被中奔跑着寻找昆虫，或在空中使用其小喙捕捉昆虫。同样也吃小型果实。使用植物纤维建造呈杯状的鸟巢，并使用苔藓覆盖外部，用羽毛在内部铺底。

Onychorhynchus coronatus
皇霸鹟

体长：17 厘米
体重：21 克
社会单位：独居
保护状况：无危
分布范围：美洲，从墨西哥南部至秘鲁西北部、玻利维亚北部和巴西东南部

皇霸鹟的红色冠羽相当醒目，展开呈扇形时可看到末端有黑色斑纹，但它们很少展开。雄鸟在靠近雌鸟或执行防御策略吓阻入侵鸟巢的入侵者时会将冠羽展开。它们长而扁平的喙让它们能在飞行时捕捉蝴蝶、蜻蜓等大型飞虫。如果捕获的飞虫体形相当大，它们会先将飞虫在坚硬的表面上摩擦，除去其翅膀。栖息于次生林、沿岸森林、沟壑森林以及其他潮湿且树木茂密的环境。

Xolmis cinereus
灰蒙霸鹟

体长：20 厘米
体重：57.5 克
社会单位：独居或成对
保护状况：无危
分布范围：巴西、乌拉圭、巴拉圭、阿根廷东北部和玻利维亚东部

灰蒙霸鹟的羽毛为灰色，翅膀部位颜色较深，腹部颜色较淡，因此突显出类似白色的色调，虹膜为红色。栖息于开放式的森林和灌木区，较爱靠近河流、溪流或湖泊附近的区域。主要食物为昆虫。它们会从停歇的位置起飞，执行短暂的飞行去捕捉昆虫，之后再回到原本停歇的位置。它们相当难亲近，无法忍受人类靠近它们。尽管如此，但还是能常看到它们停歇在不同的地方，如围栏、柱子或树枝。它们会发出一种微弱且几乎听不见的柔和的鸣叫声。

Tyrannus savana

叉尾王霸鹟

体长：38 厘米
体重：28 克
社会单位：独居、成对或群居
保护状况：无危
分布范围：美洲，从墨西哥南部至阿根廷

叉尾王霸鹟的尾巴有两根羽毛特别长，比中央尾羽长数倍，在飞行时会张开，张开时很明显像一把剪刀，其名称以这个特点命名。在春季它们会抵达南美洲的草原，在那里求偶并筑巢。它们在可见的地方筑巢，并从那里捕捉飞行中的昆虫。冬季来临之前它们会成群往较温暖的区域迁徙。

Myiarchus tyrannulus

褐冠蝇霸鹟

体长：19 厘米
体重：34 克
社会单位：独居
保护状况：无危
分布范围：从北美洲的南部至阿根廷北部

褐冠蝇霸鹟的身形较瘦长，背部颜色为油橄榄色，腹部为黄色，喉咙为白色。栖息于森林、灌木丛和稀树草原。它们在森林中寻找昆虫作为食物，也吃种子和浆果。它们会选择树洞筑巢或使用其他各种啄木鸟遗弃的鸟巢作为自己的巢。

Myiarchus panamensis

巴拿马蝇霸鹟

体长：19 厘米
体重：32 克
社会单位：独居或成对
保护状况：无危
分布范围：美洲中部至南美洲北部

巴拿马蝇霸鹟栖息于干燥的森林、灌木丛和红树林，栖息地海拔高度一般可达 600 米。它们在较高的树冠中穿梭移动捕捉飞行中的昆虫作为食物，此外，它们也吃大量的果实。它们的颜色跟其他亲缘鸟类的颜色极相似，背部为油橄榄色，腹部为灰黄色。喙较薄，虹膜为黑色。这种鸟通常以它们的鸣叫声做区分，巴拿马物种通常会发出类似哨音的二重奏鸣叫。繁殖期为 4~5 月，它们会将巢筑于树洞中，内部使用羽毛、毛发、苔藓和细根搭建成一个用于孵化卵的底座。雌鸟产 2 枚带有褐色斑点的淡绿色的卵。

Alectrurus risora

异尾霸鹟

体长：31 厘米
体重：22 克
社会单位：群居
保护状况：易危
分布范围：巴拉圭南部和阿根廷东北部

异尾霸鹟体形小，雄鸟的头部、胸部和背部为黑色，跟腹部的白色呈鲜明对比。喉咙羽毛为白色，但在繁殖期会脱毛，显露出红色的皮肤。它们的尾巴有两根羽毛相当长，但此特征在雌鸟身上较不明显。尾巴的羽毛颜色呈明显的褐色，跟喉咙和腹部的色调相同。它们是安静的物种，但偶尔也会发出温和的鸣叫声。栖息于靠近河口和沼泽的潮湿草原。它们需要栖息在牧草较高的草原区域，以利于它们将鸟巢筑于地面。其主要食物为无脊椎动物，如昆虫和蜗牛，偶尔也会看到它们为了要捕捉牧草间准备起飞的昆虫而跟踪扒徐。

面部特征
喉咙在春季繁殖期时为亮红色。

独特的尾巴
由两根相当长的羽毛所组成，雄鸟的羽毛比雌鸟的羽毛宽且长。

保护状况
它们的栖息地受到限制，且不断地被变更，因此，它们的生存正受到威胁。

Machetornis rixosa

牛霸鹟

体长：17 厘米
体重：29.6 克
社会单位：独居
保护状况：无危
分布范围：南美洲，除了厄瓜多尔、秘鲁和智利

牛霸鹟不怕人群且数量丰富，栖息于草原、农村地区以及都市的公园和花园。在农村，它们会停在牛背上吃寄生虫，这也是它们食物的一部分。同样，它们也会在地面上奔跑捕捉大型动物开始行走时从它们身上掉落的昆虫，这种行为在霸鹟科鸟类中是很少见的。它们有一个隐藏的橙色冠，只有在感到危机或繁殖期时冠才会显露出来。

Pitangus sulphuratus

大食蝇霸鹟

体长：20~25 厘米
翼展：38~40 厘米
体重：70 克
社会单位：群居
保护状况：无危
分布范围：从美国至阿根廷

雏鸟
每只雌鸟产2~5枚卵，孵化期约为30天。

在夏季大食蝇霸鹟会聚集在一起进行鸣唱竞赛。当它们聚在一起时会发出喧闹的典型鸣唱声“*Wit-wit-wit...tiófeu, wit-tiófeu, wit-tiófeu*”。鸣唱声也是它们用于跟伴侣保持联系的方式，警示通知的典型鸣唱声为“*fuiii*”，回应时会发出“*feeh*”。

俗名

鸣唱声是区别它们的主要方式。依照其鸣唱声不同，该物种在不同的地区有不同的俗名，因此它们有很多俗名。

筑巢

将鸟巢建于树枝之间，外观为不规则的球形，使用稻草、根、木棒、羊毛和毛发搭建而成。雄鸟和雌鸟共同孵化 2~5 枚卵，雌鸟一年产卵 4 次。每只雏鸟在出生后的第二年即有繁殖能力。

单脚站立
它们停歇时只使用单脚站立，此外，它们会尽量减少跟地面接触，也尽量减少身体热量的消耗。

常见鸟

大食蝇霸鹟是人类最熟悉的鸟类之一，因为它们在靠近郊区和农村的众多天然洞穴筑巢。它们能够适应各种环境，包括各种类型的森林、灌木丛，不同类型的海岸、沼泽沿岸和海滩，同样也能在农作物种植区、林业区、人类居住区、公园和都市花园看到它们的身影。它们的食物相当多样，包括果实、不同类型的蔬菜和各类无脊椎动物，它们经常捕捉小型无脊椎动物，例如鱼类和两栖动物。

各种方式猎捕

它们使用多种技巧执行猎捕策略，包括在空中飞行埋伏、跳入水中捕捉昆虫、在岩石或植被之间寻找昆虫、在天然水域或人工水域中捕捉鱼类。在它们所有的狩猎策略中，最突出的狩猎方式是在栖木上狩猎，步骤如下：

1 观察
停歇在较高的树枝上，用它们敏锐的视力观察飞行中的昆虫、地面或水中的昆虫。

2 定位
确定猎物的位置，飞行时保持振翅，使用这个方式潜伏于空中准备攻击。

3 攻击
从上往下捕捉猎物。结合飞行、喙啄、滑翔，直到靠近猎物。

4 捕捉
靠近猎物之后使用喙巧妙地刺入猎物。它们的飞行相当精确，不会碰到水，抓到猎物之后再度起飞回到停歇处。

5 进食
它们可以用喙咬住昆虫之后把它在树干或岩石上撞击。当它们将昆虫处理好之后便会将其吃掉。

喙
深黑色，相当有力且坚固，有利于猎捕和敲击猎物。

翅膀
背部的色调较不鲜艳，主要颜色为棕色和浅黄色。

尾巴
跟背部以外区域的颜色相同，尾羽和覆羽的颜色较明显，为桂皮色。

通用名称

每个物种皆有属于自己的拉丁学名，虽然很难发音和记忆，但可避免混淆。尽管同一物种在每个区域有不同的俗名，但在这种特殊情况下，可从其拉丁学名确定其正确名称。

阿根廷
Benteveo, bienteveo, bichofeo, pitaguá, pitchué, pitogüé, pito Juan, pitipí, quintové, quentopé, quitafé, que tupí, quetuví, quechupai, tistihuel, tistijuelas.

巴西
Bem-te-ví

哥伦比亚和委内瑞拉
Cristo fue

美国
Kiskadee flycatcher

Muscicapa striata

斑鹟

体长：13.5~14.5 厘米
体重：11~25 克
社会单位：独居、成对或小群体
保护状况：无危
分布范围：欧洲、亚洲和非洲

斑鹟羽毛的颜色通常为棕灰色，腹部为白色。栖息于各式各样的环境，通常为开放式的空间且有树枝让它们停歇。它们会从树上执行短暂的飞行去捕捉飞行中的昆虫，之后再回到原本停歇的树枝上。其主要食物为飞行物种，偶尔也会捕捉陆地上的猎物或在树枝和树叶间移动的猎物。它们将鸟巢筑在欧洲，在夏季末期迁徙到非洲。它们是一夫一妻制，且具领地性。它们将巢筑在树洞，甚至也筑在屋檐，由双方共同建造或只由雌鸟建造。鸟巢外观呈杯状，使用树枝、树皮、树叶、纤维、毛发以及其他材料建造。雌鸟产 2~7 枚卵。

条纹
在棕色的胸部和头部有黑色的横纹。

准备起飞
它们通常会停歇在高度为1~2 米的树上观察环境等待时机捕捉猎物，且经常会更换停歇的树枝。

Namibornis herero

拟鹟鸲

体长：17 厘米
体重：26 克
社会单位：独居或成对
保护状况：无危
分布范围：非洲南部

拟鹟鸲的羽毛颜色通常为棕色，喉咙和眉毛为白色。腹部为白色，有褐色条纹。尾巴和尾巴下方为肉桂褐色。栖息于广阔的主要为金合欢树（金合欢属）的灌木林。它们停歇在树上观察环境，等待适当的时机往地面俯冲捕捉昆虫。鸟巢由雌鸟和雄鸟使用柔软的植物共同建造，雌鸟产 2~3 枚卵，由雌鸟孵化约 16 天。

Sigelus silens

白翅斑黑鹟

体长：17~20 厘米
体重：21~37 克
社会单位：独居或成对
保护状况：无危
分布范围：非洲南部

白翅斑黑鹟是一种羽毛颜色跟伯劳鸟（伯劳科）一样呈鲜明对比的鸟类。雄鸟有冠，脸部和整个背部为深蓝色，腹部为白色。雌鸟的颜色和雄鸟相似，但背部为棕色。栖息于热带草原、灌木丛和林地水道附近。它们习惯停歇在高处，从那里捕捉飞行中的昆虫作为食物，也吃花蜜和小型果实。

Ficedula hypoleuca

斑姬鹟

体长：13 厘米
体重：9~22 克
社会单位：独居或成对
保护状况：无危
分布范围：欧洲、亚洲和非洲中部至东部

斑姬鹟体形小，喙相当短。雄鸟、雌鸟和幼鸟的羽毛颜色无差异，背部为褐色，侧面有白色的色带，尾巴和腹部为白色。它们的羽毛在夏季会变色，雄鸟的背部羽毛变成黑色，额头有明显的白色斑纹，易于区别其性别。栖息于开放式的森林，通常为落叶林。其主要食物为各种在树冠中寻得的飞行性昆虫和非飞行性昆虫。它们将鸟巢筑于欧洲和非洲西北部，雌鸟使用树叶和其他软质的植物材料建造一座杯状鸟巢，雌鸟在鸟巢内产 2~4 枚卵，并负责孵化约 2 周。

伴侣
虽然它们是一夫一妻制，但基于它们的数量较少，雄鸟有可能跟1 只以上的雌鸟交配。

颜色
繁殖期时雄鸟的色调为黑色，且在额头有一条明显的白色条纹。

Lanius newtoni

圣多美伯劳

体长：19~21 厘米
体重：22.4 克
社会单位：独居或成对
保护状况：极危
分布范围：圣多美岛和几内亚湾

圣多美伯劳的背部为亮黑色，肩胛有黄色羽毛，腹部为白色或淡黄色。尾巴很长，黑白交错，中间部位为白色。关于它们习性的信息很少。最早的观察纪录为 19 世纪末期至 20 世纪初期，从那之后就没有再观察到它们的踪迹，直到 1990 年它们才被重新发现。它们栖息在海拔可达 1000 米的茂密的原始森林，较喜爱广阔的区域。其主要食物为飞行性昆虫，可能也会捕捉小型脊椎动物。

保护状况

据统计，目前这个物种在全世界的总数量低于 50 只。砍伐森林种植可可和咖啡以及引进外来物种如黑鼠（***Rattus rattus***）是这类物种生存受到威胁的主要原因。

Lanius ludovicianus

呆头伯劳

体长：18~22 厘米
翼展：43~54 厘米
体重：0.98~1.9 千克
社会单位：可变
保护状况：无危
分布范围：北美洲和中美洲

呆头伯劳的背部为灰色，腹部为白色。它们有鲜明的黑色“面罩”，翅膀也是黑色的，有白色斑纹。喙相当有力且呈钩状。栖息于灌木丛和有零星树木的开阔区域，在那里经常可以看到它们停歇在某处休憩。有时候它们也停歇在电线杆或高大的树木上。其主要食物为昆虫，但它们也跟其他非洲近亲一样会捕捉小型脊椎动物，如蜥蜴、鸟类等。它们会建造一个杯状的鸟巢，产 4~7 枚卵，孵化期约为 3 周。雏鸟由双亲共同哺育。虽然它们不是面临危机的物种，但是栖息地受到破坏以及农药的大量使用正使它们的数量大幅减少。

短尾巴
羽毛黑色与白色相间。

进食
捕捉到猎物之后它们会停在灌木丛的荆棘上舒适地撕裂猎物。

Lanius nubicus

云斑伯劳

体长：17~18.5 厘米
体重：14.5~30 克
社会单位：独居或成对
保护状况：无危
分布范围：欧洲东南部、亚洲西南部和非洲中部

云斑伯劳是颜色最多彩的伯劳鸟之一，腹部为白色，雄鸟的额头和脸颊有明显的白色条纹。尾羽和外侧尾羽皆为白色。胸部和侧面为橙色。雌鸟的颜色跟雄鸟相似，但色调较淡。幼鸟的羽毛颜色为棕灰色，背部有条纹，翅膀和肩胛骨部位有白色条纹。栖息于广阔的灌木丛和有零星树木的地区。它们的食物为各式各样的昆虫、节肢动物和小型脊椎动物，甚至包括鸟类。它们为一夫一妻制，具领地性。鸟巢由雄鸟和雌鸟共同建造。鸟巢为呈杯状的开放式鸟巢，使用树枝、细根、叶子建造而成，外部使用地衣覆盖。雌鸟产 3~7 枚卵，并负责孵化。雏鸟由双亲共同喂养。

橙色侧面
雄鸟侧面的颜色较深，跟一般的伯劳不同。

Corvinella melanoleucus

白肩鹊鵙

体长：34.5~50 厘米
体重：55~97 克
社会单位：独居或小群体
保护状况：无危
分布范围：非洲南部

白肩鹊鵙的颜色通常为黑色和白色，尾巴相当长，且颜色呈渐层状。头部和背部上半部为亮黑色。背部下半部和覆羽为白色，飞行时相当明显。栖息于开阔的树林，主要是金合欢（金合欢属）林。其主要食物为昆虫，但同样也吃小型脊椎动物，例如蜥蜴和鼠类。雌鸟产 1~6 枚卵，孵化期约为 3 周。

食种子鸟

门：脊索动物门

纲：鸟纲

目：雀形目

科：4

种：620

它们体形小，喙结实而有力，许多物种为机会主义者，能吃种子也能吃昆虫、花蜜和小型脊椎动物。某些物种有漂亮的羽毛，某些物种擅长歌唱。大部分物种擅于社交，会跟其他物种组成群体。在某些特定区域，它们被认为是对谷类作物有害的鸟类。

Passer domesticus

家麻雀

体长：16~18 厘米
体重：20~39 克
社会单位：群居
保护状况：无危
分布范围：全世界

家麻雀是雀形目鸟类中常见的物种之一，因为被引入多个国家，所以数量正逐渐增加中。栖息在农村的物种羽毛颜色通常比栖息在都市的物种深。雄鸟的羽毛颜色在繁殖期时较深。当雄鸟想要吸引某只雌鸟时，会陪在雌鸟旁边鸣唱并振翅。此外，当它们占领区域并觅食时也会发出鸣唱声。它们的主要食物为谷类种子、谷物、某些果实和昆虫，其中，在夏季时昆虫的摄取量占所有食物的 10%。它们为机会主义者，也会吃小青蛙、软体动物和甲壳类动物。它们会形成群体，雄鸟在找到伴侣之前会先将鸟巢的结构完成，找到伴侣之后跟雌鸟一起完成鸟巢表面的涂层工作。

Passer hispaniolensis

黑胸麻雀

体长：15~16 厘米
体重：22~38 克
社会单位：群居
保护状况：无危
分布范围：欧洲、亚洲和非洲

黑胸麻雀栖息于地势较低的湿地，通常跟农作物种植区相关，此外，也栖息于半干燥地区，甚至也栖息于没有家麻雀（*Passer domesticus*）栖息的城市。主要食物为草的种子、谷类以及无脊椎动物。它们为群居鸟。雌鸟产 2~6 枚卵。

Pyrgilauda ruficollis

棕颈雪雀

体长：16.5 厘米
体重：20~30 克
社会单位：群居
保护状况：无危
分布范围：西藏

棕颈雪雀的羽毛颜色为棕灰色，有一条像是项链的肉桂色条纹。雌鸟的颜色较淡，翅膀上白色的色调较少。它们为群居物种，特别是在非繁殖期，在繁殖期时可能会跟其他多对伴侣群居在一起。它们将鸟巢筑于岩石间的洞孔或人类建筑的洞孔。其主要食物为谷物和无脊椎动物。

Passer montanus

麻雀

体长：14~15 厘米
体重：17~30 克
社会单位：群居
保护状况：无危
分布范围：欧洲和亚洲

麻雀几乎不存在性别二态性，栖息于干旱地区的亚种颜色通常较苍白，栖息于潮湿地区的颜色则较深。其主要食物为禾本科植物、草类的种子和谷类作物。虽然它们是定居物种，但在繁殖期过后会进行部分迁徙，特别是幼鸟。它们为群居物种，但有时会单独建造鸟巢。雌鸟产 2~7 枚卵，由双方共同孵化 11~14 天。雏鸟出生后受双亲照顾 15~20 天。它们孵化成功的概率多变，介于 45%~75%。

多变的喙
它们喙的大小会依照季节变化而变化。

双方共同建造鸟巢
雄鸟和雌鸟使用干稻草建造鸟巢，内部衬以羽毛和毛发。

Petronia petronia

石雀

体长：14~15.5 厘米
体重：26~39 克
社会单位：群居
保护状况：无危
分布范围：欧洲、亚洲和非洲北部

石雀是一种体形很大的麻雀，有方形的短尾巴和有力而结实的喙。羽毛颜色为棕灰色，腹部和背部有明显的深棕色条纹。头部有一个浅色冠，喉咙底部有一块不易看见的黄斑。尾巴末端有小块的白色斑。雄鸟和雌鸟的外观相似。它们的鸣叫声相当多样，主要为通过鼻子发出的双音节声音。鸣唱的音符可达 50 种。栖息于海拔 4800 米以内的开阔区域、无树木区域以及岩石边坡的草原沙漠。其主要食物为各种昆虫和种子。它们会捕捉体形比它们的亲缘鸟类还大的猎物。繁殖期时它们会聚集成小群体集体繁殖或单独繁殖。将鸟巢筑于岩石之间的洞孔、树洞或废弃的建筑中。

Montifringilla nivalis

白斑翅雪雀

体长：17 厘米
体重：31~57 克
社会单位：群居
保护状况：无危
分布范围：欧洲、亚洲和非洲北部

白斑翅雪雀栖息于山坡和丘陵，冬季主要食物为种子，特别是高山植物的种子，也吃少量的牧草。夏季吃的食物种类比较多，其中也包括昆虫，特别是蝗虫（直翅目）、苍蝇（双翅目）和蜘蛛。非繁殖期的时候它们习惯组成大的群体共同觅食。繁殖期时它们会跟伴侣一起觅食或组成小群体觅食，也会组成小群体共同筑巢。雌鸟产 4~5 枚卵，并负责孵化 12~14 天。

Passer melanurus

南非麻雀

体长：14~16 厘米
体重：29 克
社会单位：群居
保护状况：无危
分布范围：非洲南部

南非麻雀栖息于降雨量低于 750 毫米的半干旱环境，从开放式的大草原至开放式森林的树木上，通常栖息于水源区附近。其主要食物为种子，特别是谷物种子和牧草种子。近期发现它们的食物更加多元，也吃葡萄和其他水果，且经常喝水，有时它们也会捕捉飞行中的昆虫。在非繁殖期时它们会组成群体，数量最多可达 200 只。筑巢方式为群体筑巢，可能会有 50~100 对伴侣共同筑巢。鸟巢的结构凌乱，雌鸟产 2~5 枚卵，并负责孵化 12~14 天。雏鸟由双亲共同喂食约 17 天。

喙的颜色会改变
颜色为米黄色，但在繁殖期时会变成黑色。

颜色
雌鸟的颜色跟雄鸟相似，但是黑色的区域带有一点灰色的色调，肉桂色区域较不透明。

繁殖时期
在干旱地区，繁殖季节的到来取决于可食昆虫的数量，因此取决于雨季来临与否。

Dinemellia dinemelli

白头牛文鸟

体长：18 厘米
体重：57~85 克
社会单位：群居
保护状况：无危
分布范围：非洲中部和东部

白头牛文鸟为一种大型织布鸟，羽毛的主要颜色为白色，喙坚硬。栖息于海拔低于 1400 米的干旱区的丛林草原，偶尔会在牧场或沿海环境中看到它们的身影。其主要食物为昆虫、种子和果实。它们会组成有 3~6 只个体的群体，在地面上捕捉猎物。它们会跟其他鸟类组成群体，特别是织雀（织雀属）。繁殖期的时间取决于雨季的来临时间，因此各地区的白头牛文鸟的繁殖期不同。它们为一夫一妻制，雄鸟和雌鸟会在高度为 2~4 米的同一棵树上建造多个球状鸟巢。雌鸟产 3~4 枚卵，其他鸟类可能会合作孵化。

特征

尾部和尾上覆羽为红橙色。头部和腹部为白色，翅膀和尾巴为深褐色。

鸟巢篡夺

它们建造的鸟巢经常被某些雀类和非洲侏隼（*Polihierax semitorquatus*）篡夺。

Bubalornis niger

红嘴牛文鸟

体长：22 厘米
体重：65~98 克
社会单位：群居
保护状况：无危
分布范围：非洲东部和南部

红嘴牛文鸟的羽毛颜色为亮黑色，侧面有白色斑纹。栖息于树木茂密的区域，是群居鸟，雄鸟会共同建造一个大型鸟巢。其主要食物为昆虫，也吃少量的种子和果实。群体的数量可达 50 只。它们为一夫多妻制，有时候会群体交配；也可一妻多夫，一只以上的雄鸟同时跟一群雌鸟交配。

Plocepasser mahali

白眉织雀

体长：17 厘米
体重：31~59 克
社会单位：群居
保护状况：无危
分布范围：非洲东部和南部

白眉织雀有白色的眉毛和尾巴，喉咙、腹部和翅膀某些区域也为白色。其主要食物为昆虫，如白蚁（等翅目）、蛾（鳞翅目）和蚂蚁（蚁科）。它们经常流连于人类活动的区域，在地面上跳跃移动寻找剩余的食物，同样也会捕捉飞行中的昆虫。为群居鸟，5~9 只个体共同居住，有时候加上各自的伴侣，数量可达 20 只，由一组伴侣负责统治，其他伴侣会帮忙照顾统治者的雏鸟。

Quelea quelea

红嘴奎利亚雀

体长：12 厘米
体重：15~26 克
社会单位：群居
保护状况：无危
分布范围：非洲中部和南部

红嘴奎利亚雀是一种短尾巴的小型织布鸟。大多数栖息于半干旱地区，通常不会栖息于丛林。它们会造访高度介于 500~1500 米的极干燥或潮湿区域。其主要食物为牧草种子和谷类种子，同样也吃昆虫。它们被视为小麦、高粱和水稻作物的害鸟。此外，它们也在牛类饲养场中吃碎玉米。一夫一妻制，但某些雄鸟可能在同一繁殖期建造 3 个鸟巢，分别与不同的雌鸟交配。它们为群居鸟，鸟巢由雄鸟建造，外观呈球状。雌鸟产 1~5 枚卵。

变化

雄鸟的羽毛在繁殖期时会变得更鲜艳。

无灭绝危机

为全世界数量最多的鸟类物种之一，它们的数量大约有15 亿只。

Euplectes orix
红寡妇鸟

体长：13 厘米
体重：17~30 克
社会单位：群居
保护状况：无危
分布范围：非洲东部和南部

红寡妇鸟主要栖息于高度介于600~1500米邻近水源区的高地草原和种植区。主要食物为种子和节肢动物，同样也吃狮耳花属和芦苇的花蜜。它们为一夫多妻制，每只雄鸟最多会跟7只雌鸟交配。它们为群居鸟，因为群居的数量众多，所以每对伴侣只有约3平方米的领地。青年雄鸟繁殖的成功率比经验丰富的成年雄鸟低。鸟巢由雄鸟负责建造，需要3天时间。鸟巢建造的位置通常在潮湿区域或水平面上方2米处，用香蒲（香蒲属）支撑。在某些特定的区域它们会使用竹子或女贞（女贞属）支撑。雌鸟产3枚卵。两只雌鸟可能同时将卵产于同一个鸟巢。孵化期为12~13天。亲鸟主要使用反刍物喂养雏鸟。群居在一起的成员会捍卫自己以及邻居的鸟巢。

繁殖期的羽毛
繁殖期，雄鸟的羽毛颜色会变得较醒目。

占用鸟巢
它们的鸟巢可能会被白眉金鹃（*Chrysococcyx caprius*）占用，尤其是当它们群居的群体较小时。

Ploceus cucullatus
黑头群栖织布鸟

体长：17 厘米
体重：33~46 克
社会单位：群居
保护状况：无危
分布范围：非洲撒哈拉以南地区

黑头群栖织布鸟，一只雄鸟的领地内可有5~6只雌鸟共存。它们会组成大群体群居，某些情况下也会跟其他物种群居，同一棵树上鸟巢的数量可达200个。群居的雄鸟较能吸引雌鸟注意，当雌鸟进入雄鸟的领地时，雄鸟会倒挂在自己的鸟巢上拍动翅膀并发出鸣叫声。鸟巢被它们遗弃之后会被蛇、黄蜂、老鼠、蝙蝠或其他鸟类占用。雌鸟产2~4枚卵，并负责孵化11~14天。

建造鸟巢
鸟巢形状为圆球状，有一个隧道入口。雄鸟可能花费约11个小时编织鸟巢。

尾羽
灰绿色，内部边缘为黄色。

羽毛
雄鸟的腹部为黄色，雌鸟的腹部为灰绿色。

Foudia madagascariensis
红织雀

体长：13 厘米
体重：13~20 克
社会单位：独居或群居
保护状况：无危
分布范围：马达加斯加（被引入毛里求斯岛、塞舌尔岛和罗德里格斯岛）

红织雀雄鸟在求偶时期羽毛为红色，求偶周期过后羽毛颜色会再度变回和雌鸟一样的棕色。栖息于开放式的区域，主要食物为种子、花蜜和节肢动物。它们习惯组成大群体，为一夫一妻制的定居鸟。在繁殖期时雄鸟会发出鸣唱声保卫其领地。鸟巢呈椭圆形，由雌鸟负责孵化，由双亲共同使用反刍物喂养雏鸟。

Carduelis chloris

欧金翅雀

体长：15 厘米
体重：26 克
社会单位：成对或小群体
保护状况：无危
分布范围：欧洲和亚洲，被引入大洋洲和南美洲

食物
它们的厚喙有利于开启坚硬的种子外壳。

适应性
它们生长于林地，之后被引入远离它们原始栖息地的国家。

欧金翅雀的身体健壮，雄鸟羽毛颜色为黄绿色，主要羽毛有金黄色斑纹，黑色的覆羽有灰色斑纹，尾羽为黑色，外侧尾羽为黄色。喙厚且有力。雌鸟羽毛的颜色较淡，为浅棕色，翅膀和尾巴有浅黄色斑纹。栖息于树林和草原，较喜爱在都市区域的公园和花园筑巢和觅食。其主要食物为种子和水果，在春季和夏季也吃昆虫。雌鸟在位于灌木或乔木上的杯状鸟巢中产 3~5 枚卵。一年可产 2 次卵。

Fringilla coelebs

苍头燕雀

体长：14~16 厘米
体重：22 克
社会单位：成对或群居
保护状况：无危
分布范围：欧洲、亚洲和非洲

苍头燕雀的头部和颈部为灰色，胸部和背部为鲑鱼色或深肉桂色，覆羽和尾羽为白色，在飞行时可明显看到。尾部为橄榄色。繁殖期时雄鸟的喙会变成蓝灰色，其余时间喙的颜色为棕色。雌鸟喙的颜色为灰绿色。它们被称为“独身主义者”，在秋季和冬季只组成同性别的群体。大多栖息于橡树和山毛榉林。是杂食性鸟类。

Carduelis carduelis

红额金翅雀

体长：12~13.5 厘米
体重：26 克
社会单位：成对或群居
保护状况：无危
分布范围：欧洲、亚洲和非洲，被引入大洋洲和南美洲

红额金翅雀的头部有 3 种颜色，额头为红色，其余部位为黑色和白色。喙尖锐且有力，利于它们撬开种子。腹部为白色，胸部和背部为桂皮色。翅膀为黑色，尖端有广泛的黄色条纹和白色斑点。尾巴为黑色，尖端为白色。为群居鸟，特别是在冬季，它们经常跟其他物种的燕雀科鸟类集结成群。将鸟巢筑于灌木或乔木上。

Pinicola enucleator

松雀

体长：20~25 厘米
体重：56 克
社会单位：成对或群居
保护状况：无危
分布范围：北美洲、欧洲和亚洲

松雀是雀科鸟类中体形最大的物种，拥有大且有力的喙。雄鸟羽毛的颜色为淡红色，雌鸟羽毛的颜色为灰色，头部为黄色。翅膀为黑色，有白色斑纹。一年之中大部分时间所吃的食物为幼芽、种子和果实，夏季时也吃昆虫。建造的鸟巢呈杯状，雌鸟产 2~5 枚卵。成鸟会在口中制造“稠状物”喂食雏鸟。

Loxia curvirostra

红交嘴雀

体长：16~17 厘米
体重：46.5 克
社会单位：成对或群居
保护状况：无危
分布范围：北美洲、欧洲、亚洲和非洲

红交嘴雀的喙的尖端相交，以此特征命名，这个特征相当利于它们撬开其所吃的松果。雄鸟羽毛的颜色为红色，雌鸟羽毛的颜色为绿色。它们的翅膀皆为棕色，尾巴呈“V”字形。为定居鸟，但有时会因为食物短缺而变更栖息地，甚至会在非繁殖季时成群大量迁徙，经常跟鹦交嘴雀一起迁徙。

Zonotrichia capensis

褐领雀

体长：14~17 厘米
体重：20.5 克
社会单位：成对
保护状况：无危
分布范围：南美洲和中美洲

褐领雀雄鸟和雌鸟外观无差异。冠和脸部为灰色，脸部中间有一条黑色条纹。喉咙为白色，颈部有如同衣领形状的肉桂色或栗色带。腹部和胸部为褐色或白色，经光线反射后某些区域的颜色较深，两侧的颜色偏灰色。背部为褐色，夹杂一些黑色的色调，翅膀和尾巴颜色较深。栖息于不同的热带丛林以及高度约为 4000 米的山上，也会进入城市。它们会跟其他物种的鸟类集结成群，特别是在冬季时集结的数量较多。它们为典型的食种子鸟。将鸟巢筑于地面上，但也有可能筑于灌木丛或高度较低的峭壁洞孔。

不同特征

共有超过30 个亚种，它们羽毛的颜色和发声的方式不同。

多种鸣唱

鸣唱包括两个部分，首先是发出2~4 个上升或下降的音调，接着重复发出由3 个音调组成的颤音。

Spizella arborea

美洲树雀鹀

体长：14~17 厘米
体重：17.8 克
社会单位：群居
保护状况：无危
分布范围：北美洲

美洲树雀鹀同样也被称为美国树栖麻雀。头部为灰色，有冠，眼睛后方有一条红色线。背部为棕色和黑色条纹交错，腹部为灰色和肉桂色交错，胸部中心有一块小的深色斑块。翅膀上有两条白色的色带。栖息于苔原和其他靠近湖泊或沼泽的广阔区域，例如灌木林、柳树林、桦树林、冷杉林。它们能忍受 0 摄氏度以下的低温气候。其主要食物为种子，将鸟巢筑于地面或灌木上。

Emberiza citrinella

黄鹀

体长：15~17 厘米
体重：29.7 克
社会单位：成对
保护状况：无危
分布范围：欧洲和亚洲

黄鹀繁殖期间雄鸟头部的颜色会变成亮黄色，且脸部有像面罩的微黑色斑纹，腹部为黄色。背部为棕色，有深色条纹。冬季时雄鸟的颜色跟雌鸟相似。雌鸟的颜色较柔和，且有条纹。它们在冬季会跟其他物种的鸟类组成小群体。栖息于北方的物种在冬季会往南方迁徙。雌鸟产 2~6 枚卵，雏鸟由双亲共同喂养。

Gubernatrix cristata

黑冠黄雀鹀

体长：18~20 厘米
体重：47.6 克
社会单位：成对
保护状况：濒危
分布范围：南美洲南部

黑冠黄雀鹀同样也被称为绿主教鸟。冠毛和喉咙为黑色，眉毛和颧骨为黄色。背部为橄榄色，有黑色条纹，腹部为深黄绿色，尾巴为黄色，中央尾羽为黑色。雌鸟的羽毛颜色跟雄鸟相似但较淡，脸部、胸部和侧翼为灰色。栖息于开阔的森林，较喜爱角豆树（长角豆属）、灌木林和海拔高达 700 米的热带草原。它们可能会季节性迁徙。将鸟巢筑于树林和灌木丛。鸟巢呈杯状，使用木棍和稻草建造，并使用鬃毛、牧草覆盖于外部，内衬地衣和苔藓。雌鸟产 2~4 枚颜色呈白色和蓝绿色且有条纹和黑点的卵。

保护状况

被捕捉作为宠物贩卖，以及栖息地遭受破坏和改变是造成它们生存危机的主要因素。

多彩的鸟类

门：脊索动物门

纲：鸟纲

目：雀形目

科：8

种：640

大部分物种羽毛的颜色鲜艳且明亮，特别是雄鸟。可在森林和雨林发现它们的踪迹，它们偶尔也会栖息在开放式的区域，甚至也栖息于沙漠地区。其主要食物为果实和昆虫，某些物种也吃无脊椎动物。园丁鸟科的鸟类会建造一个结构复杂的鸟巢吸引伴侣。

Calyptomena viridis

绿阔嘴鸟

体长：16~18 厘米
翼展：22.5~24 厘米
体重：54.25 克
社会单位：独居
保护状况：近危
分布范围：亚洲东南部

绿阔嘴鸟的身体和头部呈圆形，喙短且宽，有一个带羽毛的冠。雄鸟的羽毛颜色为亮绿色，耳朵区域有一块小的黑色斑块，翅膀区域也有 3 块同样为黑色的斑块。雌鸟的羽毛颜色较淡，位于喙上方的冠较小。它们栖息于茂密的森林和低山雨林的底部。它们在清晨和黄昏时相当活跃，会在树叶间跳跃移动。它们可能单独或成对移动，在采食水果期间会组成小群体。它们的主要食物为无花果（无花果属），是这类植物种子的伟大传播者。它们也吃其他水果、浆果和昆虫。雌鸟产 2~3 枚奶油色的卵。

静止
面临危险时它们会长时间静止不动。

鸟巢
雄鸟和雌鸟共同使用杂草和小树枝编织鸟巢，并将鸟巢悬挂在靠近水源的树枝上。

Eurylaimus ochromalus

黑黄阔嘴鸟

体长：15 厘米
体重：27~28 克
社会单位：独居
保护状况：近危
分布范围：东南亚地区

黑黄阔嘴鸟的头部为黑色，有一条像是领子的白色带。背部为黑色，有黄色条纹。腹部为粉红色。喙相当宽，为蓝绿色，虹膜为亮黄色，脸部羽毛为黑色。主要食物为昆虫，同样也吃软体动物和水果。它们个性害羞，一天中大部分时间都躲藏于树叶间。

它们的鸣唱声低沉、重复且渐渐加快。栖息于低地森林，这些森林正逐渐被砍伐，基于这个原因它们移居至山上的森林和次生林。

Smithornis capensis

非洲阔嘴鸟

体长：13 厘米
体重：23.2 克
社会单位：独居
保护状况：无危
分布范围：非洲中部至东部

非洲阔嘴鸟栖息于靠近河流沿岸的森林地区。主要食物为在树叶中、地面上或飞行时捕获的无脊椎动物。鸟巢由雄鸟和雌鸟共同建造。鸟巢呈椭圆形，悬挂在高度较低的树枝上，离地面 1.5~3 米。雌鸟产 1~3 枚卵，并负责孵化约 2 周。孵化期间由雄鸟负责巡视并保卫鸟巢附近的安全，通常也由雄鸟负责喂养雏鸟。

Rupicola peruvianus

安第斯动冠伞鸟

体长：31~32 厘米
体重：244 克
社会单位：独居
保护状况：无危
分布范围：南美洲西北部

安第斯动冠伞鸟雄鸟的羽毛颜色为亮橙色，翅膀和尾巴为黑色和灰色。雌鸟的颜色较淡，带有些许褐色色调。栖息于雨林，主要在安第斯山脉周围的山区和丘陵。其主要食物为水果。繁殖期，该物种会建立求偶场：多只雄鸟会在同一个地方争相用仪式性的舞蹈和鸣唱吸引雌鸟注意。雌鸟负责孵化卵和喂养雏鸟。在某些特定的区域它们被捕捉作为宠物。

Phytotoma rutila

红胸割草鸟

体长：17~20 厘米
体重：30~57 克
社会单位：群居
保护状况：无危
分布范围：南美洲中部和东南部

红胸割草鸟雄鸟的腹部为红棕色，背部有铅灰色的条纹。雌鸟的羽毛颜色为灰褐色，有明显的条纹。雄鸟和雌鸟都有颇具特色的冠毛。栖息于草原、灌木丛草原以及树林边缘。它们为草食性鸟类，进食时有特殊的切断树枝的行为。此外，它们也吃草、树叶、种子、芽和花瓣。鸟巢呈杯状，使用细木棒和草秆建造而成。雌鸟产 2~4 枚卵，孵化期约为 15 天。

Pyroderus scutatus

红领果伞鸟

体长：38~46 厘米
体重：300~390 克
社会单位：群居
保护状况：无危
分布范围：南美洲

红领果伞鸟是雀形目鸟类中体形最大的鸟类之一。羽毛颜色为黑色，喉咙有一块区域无羽毛，裸露出红色皮肤。它们是被动的，很少移动，在森林中较阴暗的地方静静地移动。栖息地势中高的区域、高山森林以及地势较低的区域。主要食物为果实。它们的鸣叫声像是低沉的嘶吼声，发情期间鸣叫声会增加，十几只雄鸟会一起试图展露其红色皮肤吸引雌鸟注意。雌鸟在外观像是平台的简陋鸟巢内产 1~2 枚卵。

Cicinnurus respublica

威氏丽色风鸟

体长：16~21 厘米
体重：52~67 克
社会单位：独居
保护状况：近危
分布范围：印度尼西亚

威氏丽色风鸟是羽毛颜色相当明亮且引人注目的鸟类之一，羽毛上的颜色变化相当丰富。它们为西巴布亚岛的特有物种，栖息于热带和亚热带阔叶林。

雄鸟和雌鸟存在性别二态性：雌鸟的羽毛颜色较不鲜艳，雄鸟的羽毛颜色较鲜艳，色调明亮，且尾巴中央的羽毛呈螺旋状。颈部无羽毛，其裸露的皮肤为蓝绿色，雄鸟的颈部有十字状黑色斑纹，雌鸟的颈部斑纹为蓝紫色。其主要食物为果实，偶尔也吃小型昆虫。

鸟巢是使用叶子、蕨类植物、卷须等软质材料建造的，筑于某棵树的树杈上。雌鸟产 1~3 枚卵，孵化期为 16~22 天。

求偶
雄鸟展示其羽毛并发出鸣唱声。

夜间颜色
雄鸟冠的颜色相当显眼，即使在黑暗中也看得见

Lophorina superba

华美极乐鸟

体长：25~26 厘米
体重：77 克
社会单位：独居
保护状况：无危
分布范围：印度尼西亚

华美极乐鸟雄鸟的羽毛颜色为黑色，胸部前方有一块盾牌状的亮蓝色斑纹，雌鸟羽毛的颜色跟雄鸟相似，但较淡。其主要食物为果实、浆果和节肢动物。因为雌鸟的数量较少，雄鸟会因追求雌鸟而相互竞争。雄鸟会轮流在自己的领地展示其五彩斑斓的羽毛，发出鸣叫声并重复跳跃多次以吸引雌鸟注意。雌鸟在找到适合自己的伴侣前可能会拒绝多达 20 个追求者。

Paradisaea raggiana

新几内亚极乐鸟

体长：34 厘米
体重：340 克
社会单位：独居
保护状况：无危
分布范围：新几内亚岛

象征
是巴布亚新几内亚的国鸟，其图像用于装饰国旗。

新几内亚极乐鸟是极乐鸟科中体形较大的鸟类之一。雄鸟的特征在于其栗色的羽毛，有时候会有灰色或蓝色的色调。它们有黄色的冠，喉咙为绿色，胸部为黑色。翅膀的长羽毛相当突出，颜色从白色、橙色至红色。该物种于近几个世纪不断被猎捕，主要用于供应时尚产品市场。目前该物种已经被禁止猎捕和交易，也禁止拔取它们的羽毛。

名称起源

该物种最早在 15 世纪时被自然科学家发现，当时自然科学家们没发现这些鸟类已经被当地人去除骨头和腿作为标本。基于这个原因，再加上当地的传说，这些鸟类被认为喝露水为生，一直在空中飞行，从不降落到地面，被认为来自天堂。

美丽
极乐鸟科鸟类因它们羽毛的颜色和形状而被认为是全球最美丽的鸟类。

展示羽毛寻找伴侣

雄鸟跟其他极乐鸟科物种一样，会展示其艳丽的羽毛吸引雌鸟注意。它们会共同聚集于一个区域，试图通过竞赛展示其羽毛。在竞赛期间它们会展开羽毛，并发出鸣叫声，试图从诸多竞争者中脱颖而出。

翅膀
短且圆。飞行方式较为笨重。它们在限定的小区域移动，不迁徙。

喙
形状像剪刀，适于捕捉昆虫和摘取果实。雄鸟的喙为浅蓝色。

头部
有一个金黄色的冠，喉咙为翠绿色。

眼睛
虹膜为黄色。

因为羽毛的结构和颜色以及当地的传说，这类鸟在好几个世纪以前就开始被猎捕。

性别二态性

雄鸟的体长为雌鸟的两倍，雌鸟的羽毛颜色较淡，在孵化过程中较不易被发现，由雌鸟负责照顾雏鸟。

雌鸟

雄鸟

40
尽管传说中的极乐鸟只有一个物种，但根据科学家统计，极乐鸟共有40 多个物种。

高且可见
它们会选择森林中光秃的树枝来展示羽毛。通常会选择较高的树木，在那里它们会展示羽毛并跳舞。

脚
相当结实有力，使雄鸟可以在低头摇摆求偶时牢固地紧抓树枝。

展示羽毛

长羽毛层叠在它们的身体上。雄鸟会振动羽毛吸引雌鸟注意。

侧面的羽毛相当长，颜色为白色、橙色或红色，每个亚种的颜色不同。

1971

1971 年，它们被选定为巴布亚新几内亚的国家象征。

求偶仪式

复杂的求偶仪式在白天进行，雄鸟会聚集成群，数量最多可达8只，聚集的场地被称为求偶场。它们一起停在相距不远的树枝上，试图引起雌鸟的注意。

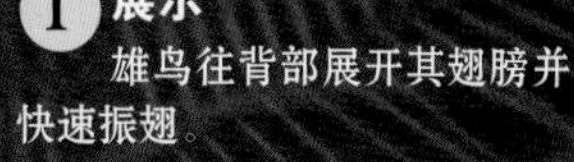

1 展示

雄鸟往背部展开其翅膀并快速振翅。

2 振翅

将身体向前倾并低头。展开翅膀抖动身上所有的羽毛。

3 跳跃和鸣叫

停在树枝上，然后开始往旁边跳跃，并抬头鸣叫。

4 倾斜

将身体倾斜以展示它的侧羽，并同时向雌鸟发出鸣叫声等待雌鸟接受。

Pipra filicauda

线尾娇鹟

体长：11~12 厘米
社会单位：群居
保护状况：无危
分布范围：南美洲北部

这个物种的特征在于从它们的短尾巴上延伸出来的薄羽毛，长度可达 6 厘米。雄鸟的羽毛颜色较明亮，下半部为黄色，头部为红色，背部和尾巴为黑色，雌鸟的羽毛颜色为橄榄绿色。栖息于热带雨林边缘和亚马孙盆地以西区域，以及安第斯山脉以东区域，同样也可在农作物种植地附近发现它们的踪迹。它们经常出现在灌木丛中，在树冠间移动着寻找食物。其主要食物为水果、浆果和昆虫。它们相当活泼，移动的速度很快。它们是相当安静的鸟类，但偶尔会发出鸣叫。雄鸟会飞到离地面高度不超过 1.8 米的树上，在树枝间执行短飞宣示其领地权。

求偶
在雌鸟面前的树枝上翻转身体，有时发出鸣叫，竖起红色、黑色和黄色的羽毛。

尾巴
尾巴短，某些羽毛长且薄。

Chiroxiphia caudata

燕尾娇鹟

体长：12~14 厘米
社会单位：群居
保护状况：无危
分布范围：南美洲中部至东部

燕尾娇鹟雄鸟羽毛颜色为浅蓝色，头部上半部区域有红色斑纹，翅膀有黑色斑纹，后颈背部、脸部和颈部皆为黑色。雌鸟羽毛颜色为深绿色，尾巴较长。栖息于热带雨林和亚热带平原，较少栖息于山区。在交配的季节雄鸟会轮流跳杂技式的求偶舞蹈。

Oriolus oriolus

金黄鹂

体长：22~24 厘米
翼展：43 厘米
体重：70 克
社会单位：群居
保护状况：无危
分布范围：欧洲、亚洲西部和撒哈拉以南的非洲地区

金黄鹂雄鸟羽毛的颜色为亮黄色，雌鸟羽毛的颜色比雄鸟略深。翅膀为黑色，每只眼睛前面都有一小块黑色斑。尾羽为黄色，羽毛末端为黑色。栖息于落叶林和水源区附近。它们的个性害羞且谨慎。除了进食的时间之外，其余时间都躲藏于树叶间。主要食物为无脊椎动物，尤其是毛毛虫、苍蝇、蜘蛛、甲虫和软体动物。夏季时也吃某些果实。它们为一夫一妻制，领地性强。雌鸟产 3~4 枚粉白色且有深色斑纹的卵。

母亲
雏鸟由雄鸟和雌鸟共同照顾，但雌鸟会花较多的时间跟雏鸟在一起。

鸟巢建造者
雌鸟负责使用草、毛发、纤维和羽毛编织鸟巢。

Ramphocelus passerinii

红腰厚嘴唐纳雀

体长：16 厘米
体重：31 克
社会单位：群居
保护状况：无危
分布范围：墨西哥东南部、中美洲

红腰厚嘴唐纳雀也被称为猩红色腰唐加拉雀。它们存在性别二态性：雄鸟羽毛的颜色为黑色，尾巴有一块深红色斑；雌鸟翅膀的颜色为橄榄褐色，身体下半部区域羽毛颜色带有一点金色的色调。栖息于热带、亚热带的丛林和森林，也栖息于灌木丛，甚至也可栖息于花园和已退化的森林。夜晚经常寻找树木茂密的区域作为公共栖息地。其主要食物为小型无脊椎动物和水果。

Piranga olivacea

猩红比蓝雀

体长：16~19 厘米
翼展：25~29 厘米
体重：23.5~38 克
社会单位：群居
保护状况：无危
分布范围：北美洲中部至东部、中美洲东部和南美洲西北部

猩红比蓝雀雄鸟羽毛的颜色为亮红色，尾巴和翅膀为黑色。冬季时雄鸟的颜色会变得跟雌鸟相似，背部为橄榄色，腹部为黄绿色。它们为一夫一妻制。雄鸟求偶时很安静，使用一系列姿势和动作展现其猩红色的羽毛。它们为杂食性鸟类，会吃飞行时捕获的昆虫，也吃各种不同的果实。雄鸟会向其他雄鸟发出鸣叫声，宣示领地权。雌鸟在水平的树枝上建造一个呈碗状且不深的鸟巢，并在鸟巢内产 4~5 枚有棕色斑纹的蓝绿色卵。卵由雌鸟负责孵化 2 周，孵化期间由雄鸟负责提供食物。

季节颜色
雄鸟在繁殖期羽毛颜色会变为亮红色。

翅膀和尾巴
翅膀和尾巴为黑色。所有羽毛的颜色在冬季都会变淡。

Cyanerpes caeruleus

紫旋蜜雀

体长：10.5~12 厘米
体重：12 克
社会单位：群居
保护状况：无危
分布范围：巴拿马南部、南美洲北部

紫旋蜜雀雄鸟跟雌鸟的不同之处在于它们的蓝紫色羽毛以及颈部、翅膀和尾巴的黑色斑纹。喙的结构十分利于它们吸取各种菠萝科植物的花蜜。此外，它们也吃果实、浆果和昆虫。栖息于树冠和湿地森林的周围区域。

Amblyornis macgregoriae

冠园丁鸟

体长：26 厘米
体重：140~145 克
社会单位：群居
保护状况：无危
分布范围：印度尼西亚

冠园丁鸟雄鸟和雌鸟的外观相似，但雄鸟有羽毛为橙红色的冠，在求偶时期冠会竖起。繁殖期时雄鸟会将食物储存在用树枝搭建而成的凉亭中。这座凉亭直径接近 1 米，内部用苔藓覆盖。此外，它们通常会使用花朵和各种可见的材料装饰凉亭。它们在移动时会做一些笨拙的动作，是个性较害羞的鸟类。它们有模仿其他鸟类鸣叫声的能力。

Prionodura newtoniana

金亭鸟

体长：24 厘米
保护状况：无危
分布范围：澳大利亚

金亭鸟雄鸟的羽毛有种特殊的结构，使羽毛经光线折射之后某些区域会变成纯白色。它们的繁殖期在 11 月至次年 1 月降雨量较多的月份。其主要食物为水果，也吃甲虫和蝉。它们的声音嘶哑，每个群体间的叫声差异很大，且有能力模仿其他鸟类的鸣唱声。它们是一夫多妻制，雄鸟试图尽可能地跟众多雌鸟交配，雌鸟会通过雄鸟的羽毛颜色、鸣唱声以及所搭建的凉亭外观选择伴侣。鸟巢的建造由雌鸟负责，坐落于高度约 2 米的树缝内，鸟巢外观呈碗状。

家族传承
凉亭在每个繁殖季节被同一家族的雄鸟重复使用，即使它们属于不同世代。

强大
它们为园丁鸟科鸟类中体形最小的，但它们能建造面积最大的凉亭。

以装饰吸引注意

它们可能花数个小时选择各种类型和颜色的材料，之后小心地放置每个物品，直到完成一座华丽且能吸引雌鸟的凉亭。雌鸟选择伴侣的条件相当严格。装饰凉亭的求偶仪式是大部分园丁鸟科物种最鲜明的特色。

挑选

雄鸟只有建造吸引雌鸟注意的凉亭之后才能够交配和繁殖。它们建造凉亭时有耐心且熟练。这只大亭鸟（***Chlamydera nuchalis***）正用树枝建造它的凉亭。

文化习俗和审美意识被视为人类的特有属性，直到几次不同的研究中提出了一个疑问：动物王国中其他具代表性的物种是否也有这方面的属性？目前这个问题还在持续争论中。黑猩猩的某些行为使专家们认为这是灵长类动物之间特有的组织文化。审美意识的观念更是具有争议性。园丁鸟科的园丁鸟或褐色园丁鸟为主要的争议对象，因为该科鸟类中的大部分物种的雄鸟都会布置一座华丽的建筑来吸引雌鸟寻找伴侣。这些特别的物种分别为褐色园丁鸟、园丁鸟、金亭鸟、大亭鸟。这些较具代表性的物种几乎都在澳大利亚北部和新几内亚岛被发现，但也有些物种栖息于沙漠的中心区域和澳大利亚东南部的山区。

在这些区域可能会发现园丁鸟科的雄鸟使用多彩的材料建造结构复杂的建筑。建筑的空间是经过设计的，每个收集来的物品都被小心地调整安置。通常它们建造的建筑外观像凉亭，各个物种所建造的样式各不相同。某些物种只使用树枝在圆形的土地中心建造一个简单的棚架；某些物种使用木棒和树叶建造结构复杂的坚固建筑，甚至也会建造一条通往精心装饰的棚屋或鸟巢的通道。冠园丁鸟（***Amblyornis macgregoriae***）在巴布亚新几内亚阿德尔贝特山脉黑暗的森林中展现它们的技能，它们使用一个长满苔藓的平台作为基底，之后再用坚果和奶油色的蘑菇搭建成高塔状的建筑。此外，它们也用甲虫的尸体作为建材，这是园丁鸟科鸟类的一种令人吃惊的行为，它们会先将昆虫杀死，之后用昆虫的尸体装饰自己的建筑。除了人类之外，在记录上没有其他动物有这种装饰的行为。通常最漂亮且最显眼的建筑会同时吸引多只雌鸟注意，也就是说一只雄鸟可能会分别跟一只以上的雌鸟交配（一夫多妻），而其他建筑建造和装饰较不佳的雄鸟可能就会没有伴侣。

▶ **征服策略**

只建造一座华丽的凉亭是不够的，雄鸟还必须展示其羽毛并发出鸣唱声吸引雌鸟注意。它们通过大声鸣唱并搭配舞蹈吸引雌鸟停下来观看。基于展示羽毛这个动机它们会展开翅膀，缎蓝园丁鸟（*Ptilonorhynchus violaceusminor*）为最典型的例子(图1)。大亭鸟(*Chlamydera nuchalis*)(图2)所使用的建材令人相当惊讶，它们会收集白色和灰色的鹅卵石、贝壳、羊椎骨、绿色和紫色的玻璃、金属薄片、镜子碎片、塑料胶带等其他多彩的碎片作为材料。此外，它们会窃取其他跟它们一起竞争的雄鸟的材料，并试图摧毁它们的建筑。

塔状鸟巢

冠园丁鸟（*Amblyornis macgregoriae*）能使用树枝在布满苔藓的平台上建造高度达1 米的塔状鸟巢。

由雌鸟从众多雄鸟中选择伴侣是合理的，因为交配成功之后雄鸟不会帮雌鸟一起建造鸟巢，也不会帮忙孵化卵和喂养雏鸟。雄鸟只负责提供它们的基因，因此，须由雌鸟选择能提供最好基因的雄鸟。科学家们通过研究选择性伴侣的行为和基因的变化使雄鸟有某些醒目特征之间的关联性，验证了查尔斯·达尔文所提出的学说。此外，科学家们也认为，雄鸟的特征和它们的建筑之间有很大的关联性：羽毛颜色较不显眼的雄鸟所建造的建筑较复杂且出色；羽毛颜色较明亮的雄鸟建造的建筑较简单。

园丁鸟科鸟类所建造的建筑式样都不相同，即使是同物种所建造的建筑也不相同。例如栖息于阿尔法克山的褐色园丁鸟（*Amblyornis inornata*）所建造的建筑会有一个拱门入口，并使用花朵和颜色较明亮的果实装饰；而栖息于阿尔法克山的褐色园丁鸟所建造的建筑较高，并使用蜗牛壳、坚果和蘑菇装饰。此外，也有某些特定物种特别偏爱使用特定颜色的物体装饰，例如紫光园丁鸟（*Ptilonorhynchus violaceus*）选择蓝黄色的物品作为材料（鹦鹉的羽毛和鲜花），并用于装饰用树枝搭建的走廊。

园丁鸟科中有 17~20 种知名物种的雄鸟拥有出色的建筑技能，它们能巧妙地装饰自己所建造的建筑，并用于吸引雌鸟的目光。这样的行为使得许多研究人员认为，园丁鸟科的鸟类是鸟类世界中进化最成功的鸟类。

食花蜜鸟

门：脊索动物门

纲：鸟纲

目：雀形目

科：2

种：307

太阳鸟科和吸蜜鸟科是雀形目鸟类中体形较小的鸟类，它们的外观和习性会让人想到蜂鸟。它们的栖息区域分布于非洲、亚洲和澳大利亚。花蜜是它们的主要食物。某些物种的喙较长且弯曲，适于吸取花蜜，但也有些物种的喙较短。

Nectarinia famosa

辉绿花蜜鸟

体长：24~27 厘米
体重：8.1~22.5 克
社会单位：独居或群居
保护状况：无危
分布范围：非洲东部和南部

辉绿花蜜鸟雄鸟羽毛的颜色通常为金属蓝，胸部为黄色。脚和弯曲的喙为黑色，尾巴中间的羽毛明显较长。雌鸟羽毛颜色为棕色。栖息于开阔的区域，如灌木丛和森林边缘，也栖息于花园和海拔高达 2000 米的天然草原。其主要食物为大型半边莲（半边莲属）的花蜜，同样也吃昆虫甚至也吃蜥蜴。它们可能单独觅食或跟其他体形大小不同的物种群体觅食。它们为一夫一妻制，繁殖期间领地性强，雄鸟和雌鸟共同建造类似于蜂鸟鸟巢的鸟巢，使用植物纤维、树叶、蜘蛛网和其他软质材料建造，再使用地衣装饰。雌鸟产 1~3 枚卵，孵化期为 14~21 天。雏鸟由双亲共同喂养。非繁殖时期它们会飞往任何高度的区域寻找花朵采取花蜜。

Anthobaphes violacea

橙胸花蜜鸟

体长：14.5~16.5 厘米
体重：8.6~11.3 克
社会单位：独居、成对或小群体
保护状况：无危
分布范围：南非西南部

长喙
适用于吸取花蜜。

橙胸花蜜鸟雄鸟的头部、颈部和背部上半部为亮绿色，胸部为紫色，腹部为米黄色。雌鸟羽毛颜色为褐色，腹部区域偏黄色。栖息于非洲南部的凡波斯灌木林以及石楠属和海神花属植物生长的山区。非繁殖期间它们可能组成数量达 100 只的群体。其主要食物为花蜜，但同样也吃节肢动物，如甲虫、苍蝇和蜘蛛。繁殖期间雄鸟和雌鸟的领地性相当强烈，雌鸟建造呈卵形的鸟巢，产 1~2 枚白色卵，孵化期约为 2 周。雏鸟主要由雌鸟用节肢动物喂食，雄鸟喂食的次数较少。它们会移动至海拔较高的区域。

Nectarinia chalybea

南方重领花蜜鸟

体长：12 厘米
体重：6~10 克
社会单位：独居或小群体
保护状况：无危
分布范围：纳米比亚南部和南非西部

雄鸟的头部、背部和胸部上半部为亮绿色。胸前有两条交叉的色带，蓝色的色带较细，另一条红色的色带较宽，腹部为白色。雌鸟的背部为褐色，腹部为白色。栖息于众多区域，包括凡波斯灌木林、灌木丛、花园和种植园。主要食物为花蜜，同样也吃昆虫和榕属植物的果实。通常它们吸取花蜜时会停下来，但有时候也会跟蜂鸟一样在飞行时吸取花蜜。它们的领地性很强。

Manorina melanocephala

黑额矿吸蜜鸟

体长：24~28 厘米
体重：40~91 克
社会单位：独居、成对或小群体
保护状况：无危
分布范围：澳洲东部和塔斯马尼亚东部

黑额矿吸蜜鸟羽毛颜色通常为灰色，头部的颜色较深，腹部的颜色较清晰。喙和眼睛后方的区域为黄色。主要栖息于干燥的森林和草原，但在经改造的环境区域也能看到它们的身影，如种植区和靠近水源区的都市。主要食物为昆虫、花蜜、果实和种子，偶尔也吃小型脊椎动物，例如青蛙。它们在任何高度的乔木和灌木中寻找食物，有时候会倒挂在树上将喙朝下，它们同样也在地面上觅食。它们是一种相当积极且喧闹的物种，领地性很强，不允许其他鸟类进入它们的领地。通常会集体行动，集体筑巢，有时候数量可达数百只。许多雄鸟可能同时进入只有一只雌鸟在内的鸟巢。

显著的特征
眼睛后方的黄色斑点使它们易于被辨认。

喧闹的
它们是一种相当喧闹的物种。在面临威胁时群居在一起的成员会集体发出凄厉的鸣叫声，有时候甚至上百只共同发出鸣叫声。

Anthornis melanura

钟吸蜜鸟

体长：17~20 厘米
体重：24~31 克
社会单位：独居或成对
保护状况：无危
分布范围：新西兰

钟吸蜜鸟雄鸟的羽毛颜色为橄榄绿，有虹彩光泽，头部和颈部为紫色。雌鸟的羽毛颜色较不醒目，头部有蓝色光泽，脸颊有一条黄色条纹。栖息于当地原有物种森林以及外来物种森林，但也能在花园看到它们的身影。主要食物为花蜜、果实和昆虫，它们是重要的花粉传播者。为一夫一妻制，繁殖时期领地性很强。使用树枝、树叶和稻草将鸟巢筑于灌木丛内。

Acanthorhynchus tenuirostris

东尖嘴吸蜜鸟

体长：13~16 厘米
体重：4~24 克
社会单位：独居、成对或小群体
保护状况：无危
分布范围：澳大利亚东部和塔斯马尼亚

东尖嘴吸蜜鸟是一种相当引人注目的鸟类，喙为黑色，相当长且弯曲。头部和背部有铅灰色的色调，面部有如同面罩的黑色斑纹，斑纹如同背心般往下延伸至白色的胸部。喉咙和背部大部分区域为栗色。腹部为桂皮色，翅膀和尾巴为黑色。栖息于干燥的森林、灌木丛和石楠木林，也栖息于人类居住区的花园。主要食物为花蜜以及在低矮灌木丛中捕获的昆虫。雄鸟和雌鸟共同收集建造鸟巢的材料，但是只由雌鸟负责建造。鸟巢呈杯状，使用纤维、树叶、蜘蛛网和其他软质材料建造而成，通常悬挂在隐藏于树叶之中的树枝上。雌鸟产 4 枚卵，孵化期为 2 周。它们是一种在其分布区域栖息的定居鸟，有时候可能会移居至海拔较高的区域。

Prosthemadera novaeseelandiae

图伊鸟

体长：27~32 厘米
体重：72~240 克
社会单位：独居、成对或小群体
保护状况：无危
分布范围：新西兰

图伊鸟的身体主要颜色为黑绿色，翅膀和尾巴的颜色较亮，经光线反射后产生蓝色和绿色的光泽。喉咙部位有两撮呈球状的白色羽毛，颈部两侧和背部上半部区域也有像鳞片般的白色羽毛。栖息于原始森林以及海拔低于 1500 米的次生林，在某些郊区或城市地区也经常看见它们的踪迹。主要食物为花蜜、昆虫、果实以及生长在树木高处的种子。它们同样也在飞行中捕捉昆虫。繁殖的季节取决于花蜜数量的多寡。鸟巢由雄鸟和雌鸟共同建造，通常呈杯状，使用树枝、树叶、根和地衣建造而成，有时会加入羽毛和其他植物材料。雌鸟产 2~4 枚卵，并负责孵化 2 周。

蓝色翅膀
色调明亮，跟尾巴的颜色相同。

羽毛
黑色的色调经反射散发出光泽。

球状羽毛
颈部颇具特色的球状羽毛使它们有“牧师鸟”的称号。

擅长鸣唱的鸟类

门：脊索动物门
纲：鸟纲
目：雀形目
科：4
种：475

琴鸟科鸟类是雀形目鸟类中体形最大的鸟类，它们能模仿各种天然或人工的声音。它们的命名源自其长尾巴。乌鸫、牛鹂和鸫是栖息于旧世界地区的世界性鸟类，它们在白天和夜晚都会鸣唱。栖息于美洲的淡褐小嘲鸫擅于模仿其他物种的叫声，栖息于新世界地区的画眉鸟则擅于发出有旋律的鸣唱声。

Menura novaehollandiae

华丽琴鸟

体长：80~100 厘米
体重：1 千克
社会单位：独居
保护状况：无危
分布范围：澳大利亚

华丽琴鸟是擅于鸣唱的鸟类当中体形最大的鸟类之一，它们的头部、背部和翅膀为褐色，腹部的颜色偏灰。栖息于热带雨林，它们会在地面上行走，很少飞行，在夜晚时会停在树上休息。求偶的时候，雄鸟会展开长而重的尾巴，并发出鸣唱声吸引雌鸟，雌鸟会从许多雄鸟中选择适合自己的伴侣。每只雄鸟和雌鸟都会保卫自己的领地。它们的鸟巢顶端会用由苔藓和蕨类植物编织而成的圆形屋顶遮盖，雌鸟只产 1 枚卵并负责孵化。雏鸟出生后在鸟巢内待 9 个月，由雌鸟负责照顾。它们的主要食物为昆虫、蠕虫和地面上的软体动物。它们几乎能模仿所有栖息在附近的物种的声音。

尾巴
外观像竖琴，两根主要羽毛有斑纹。

短翅膀
翅膀的形状有助于它们在植被中行走。

伪装
羽毛颜色使它们易于融入灌木丛。

Menura alberti

艾氏琴鸟

体长：74~90 厘米
体重：930 克
社会单位：独居
保护状况：近危
分布范围：澳大利亚东部

艾氏琴鸟的体形比其他亲缘鸟类的要小，羽毛颜色为栗褐色，头部和背部为灰色，翅膀为棕红色。胸部和腹部的颜色较淡。雄鸟的尾巴很大，但比华丽琴鸟（*Menura novaehollandiae*）的尾巴小。这两个物种的雌鸟的尾巴都较短，没有呈竖琴状的羽毛。栖息于海拔高于 300 米的热带雨林，较喜爱穆尔氏假山毛榉（*Nothofagus moorei*）茂密的区域。主要食物为陆地上的无脊椎动物。它们的习性跟华丽琴鸟极其相似。整个冬季固定在同一区域活动，且相当活跃。繁殖期介于 6~9 月，主要在 6~7 月。雄鸟在栖息的地方搭建一个平台，雌鸟将唯一一枚卵产于平台上，并负责孵化。

Myadestes townsendi
坦氏孤鸫

体长：20~24 厘米
体重：30~35 克
社会单位：独居
保护状况：无危
分布范围：北美洲西部

坦氏孤鸫的羽毛颜色较不鲜艳，主要颜色为灰色，两侧的翅膀颜色为白色。喙为黑色，短且结实。眼睛周围为白色。栖息于开阔的针叶林，特别是柏科林中。在非繁殖期它们几乎只吃针叶林的浆果，在夏季它们会在树梢上捕捉昆虫。它们的鸣唱声通常很强烈且有悠扬的节奏。

Turdus merula
乌鸫

体长：23~29 厘米
体重：80~125 克
社会单位：独居
保护状况：无危
分布范围：欧洲、亚洲和非洲北部，被引入澳大利亚和新西兰

乌鸫的羽毛颜色为全黑色，喙和眼周为橙黄色。雌鸟的喉咙、胸部和腹部为棕色，腹部有条纹。栖息于茂密的丛林和灌木林，也栖息于田野和花园。在喜马拉雅山上海拔达 4800 米的区域可以看到它们的身影。它们是一夫一妻制，在繁殖期时雄鸟会通过短跑、移动头部、低头鸣唱来吸引雌鸟的注意。

Turdus migratorius
旅鸫

体长：20~28 厘米
体重：77~85 克
翼展：31~40 厘米
社会单位：可变
保护状况：无危
分布范围：北美洲

旅鸫的羽毛颜色呈鲜明对比，雄鸟的头部为黑色，胸部和腹部为红色，喙为黄色。它们是一种常见的标志性物种，栖息于低的森林、山地苔原、田野和都市区域。在冬季它们会迁徙至较潮湿的森林区域，在那里以浆果为食，春季和夏季的主要食物为无脊椎动物和水果。雌鸟产 3~5 枚卵，孵化期为 12~14 天。

Turdus falcklandii
南美鸫

体长：23~26.5 厘米
体重：95~113 克
社会单位：独居
保护状况：无危
分布范围：智利中部和南部、阿根廷南部

南美鸫栖息于假山毛榉科树木生长的区域，如灌木林、植物园、岩石海岸和城镇。它们羽毛的颜色主要为褐色，头部、尾巴和翅膀边缘为黑色，腹部为桂皮色，喉咙为白色，跟其他鸫属鸟类一样有黑色条纹，喙为黄色。雄鸟和雌鸟的外观相似。主要食物为蚯蚓、昆虫、蜗牛、浆果和种子。

Erithacus rubecula
欧亚鸲

体长：12~14 厘米
体重：19.5 克
翼展：20~23 厘米
社会单位：独居
保护状况：无危
分布范围：欧亚大陆和非洲北部

欧亚鸲的外观精致，体形小而结实，脸颊和胸部为红褐色，背部为橄榄色，腹部为白色或灰色。依其身体比例，头部明显较大。栖息于森林、灌木林、花园和公园。它们是一种信任人类的鸟类，部分族群会迁徙。主要食物为昆虫和蜘蛛，在冬季也吃种子和浆果。它们的鸣唱声有节奏且变化多样，通常会停在易见的树枝上鸣唱。

Luscinia megarhynchos
夜莺

体长：15~16.5 厘米
体重：17~24 克
翼展：22~25 厘米
社会单位：独居
保护状况：无危
分布范围：欧亚大陆和非洲

夜莺的鸣唱声相当悦耳，羽毛颜色不鲜艳，背部为褐色，喉咙、胸部和腹部为褐色或浅灰色，臀部和尾巴为红色。栖息于茂密的森林、灌木丛和草原。夏季的主要食物为浆果，冬季迁徙至非洲边缘撒哈拉沙漠以南的区域过冬，在那里的主要食物为昆虫。它们具领地性，个性独立，是一夫一妻制的鸟类。雌鸟产 4~5 枚卵，孵化期为 13 天。

Dumetella carolinensis

灰猫嘲鸫

体长：20.5~24 厘米
体重：23~56 克
翼展：22~30 厘米
社会单位：独居
保护状况：无危
分布范围：美洲中部和北部

灰猫嘲鸫因其所发出的鸣叫声和羽毛颜色跟猫很像而被命名为灰猫嘲鸫。羽毛颜色为深灰色，有一个黑色冠，尾巴上半部为栗红色。眼睛为褐色，喙和脚为黑色。它们是一种因人类活动而受益的常见物种。栖息于灌木区、森林边缘、郊区和废弃的果园。经常穿梭于高度较低的植被之间，且经常发出鸣唱声。最常见的声音是一系列如同哨音的柔和的颤音，并穿插一些节奏感很强的音符。它们所吃的食物相当多样，包括蚂蚁、毛毛虫、蜘蛛和龙虾等无脊椎动物，也吃水果，如野生葡萄，甚至也吃其他小型鸟类的卵。雄鸟在繁殖期间领地性很强，会停在高处的树枝上，从那里监视并发出鸣唱声快速吓跑入侵者。鸟巢由雌鸟负责使用稻草、马鬃和其他较薄的材料编织而成，通常将鸟巢建于高度约 2 米的树上，材料由雄鸟负责寻找。雌鸟每年产卵 2~3 次，每次产 3~6 枚蓝绿色的卵，孵化期为 12~14 天。雏鸟由双亲共同喂养。

Mimus polyglottos

小嘲鸫

体长：21~26 厘米
体重：36~58 克
社会单位：独居
保护状况：无危
分布范围：北美洲和安的列斯群岛

小嘲鸫羽毛颜色主要为灰色，胸部和腹部为白色。翅膀的颜色为深色，边缘颜色较浅，覆羽有白色斑纹。眼睛为黄色。它们大部分时间都在地上或灌木丛之间穿梭行走。它们的鸣唱声声调多样且节奏强烈清晰，它们也习惯在夜晚鸣唱。栖息于开阔的灌木丛、都市、草原和废弃的种植区。它们在繁殖期防御力很强，会积极地保卫鸟巢防止猫或乌鸦入侵。习惯将鸟巢筑于离地面高度不超过 3 米的位置，雌鸟产 2~6 枚卵，并负责孵化 12~13 天，每年可产卵 2~3 次。

Margarops fuscatus

珠眼嘲鸫

体长：28~30 厘米
体重：75~140 克
社会单位：可变
保护状况：无危
分布范围：安的列斯群岛

珠眼嘲鸫是珠眼嘲鸫属中的唯一物种，羽毛颜色为褐色，且有醒目的条纹。眼睛为珍珠色，在其深色的脸部显得特别突出。喙为黄色，很长且略微弯曲。尾巴很长，底部颜色为白色，跟下腹部的颜色相同。雄鸟和雌鸟的外观相似，但雌鸟的体形较大且体重也较重。

栖息于灌木丛、山地森林和咖啡种植园。它们的个性好斗，为机会主义觅食者，吃的食物包括任何种类的昆虫、水果、浆果、蜥蜴、青蛙、螃蟹以及其他鸟类的卵和雏鸟。觅食方式为群体觅食。

在洞孔中筑巢。由于它们的繁殖期相当长，因此每年可能会筑多个鸟巢。雌鸟产 2~3 枚卵，孵化期为 2 周。它们在白天会发出鸣唱声，夜晚如果在光线较强的地方它们也会发出由 1~3 个音节组成的清晰长音。

Oreoscoptes montanus

高山弯嘴嘲鸫

体长：20~23 厘米
体重：40~50 克
翼展：32 厘米
社会单位：独居
保护状况：无危
分布范围：美洲北部

高山弯嘴嘲鸫的背部和头部为棕灰色。身体上半部为白色及肉桂褐色，且有一条明显的棕色斑纹。喙相当短且窄，尾巴很长。它们在茂密的山艾树中繁殖，鸟巢外观像篮子，筑于灌木丛内。雌鸟产 4~5 枚卵，由雌鸟和雄鸟共同孵化。它们的食物依季节变化而改变，夏季主要食物为昆虫，冬季则吃大量的浆果。

Nesomimus parvulus

加岛嘲鸫

体长：25~26 厘米
体重：53.7 克
社会单位：群居
保护状况：无危
分布范围：加拉帕戈斯群岛

加岛嘲鸫栖息于森林和热带及亚热带的干燥灌木丛。它们的羽毛颜色由白色和灰色搭配而成，跟其他淡褐小嘲鸫或栖息在群岛的小嘲鸫的羽毛颜色呈鲜明对比。尾巴很长，喙为黑色且很短。它们很少飞行，且较喜欢在地上行走。它们所吃的食物类型很广泛，包括无脊椎动物、蜥蜴以及其他鸟类的卵和雏鸟，也吃游客留下的垃圾。它们擅长歌唱，但不会模仿其他物种的声音。它们为群居物种，繁殖期也群体居住，成鸟之间会互相照顾彼此的雏鸟。在加拉帕戈斯群岛有 4 种不同的小嘲鸫物种，加岛嘲鸫是这 4 个物种中分布最广泛的，它们至少栖息于 9 座岛屿。

Toxostoma curvirostre

弯嘴嘲鸫

体长：25~28 厘米
体重：85 克
社会单位：独居
保护状况：无危
分布范围：美国南部和墨西哥

弯嘴嘲鸫和其他同类相比，其外观更加引人注目，虹膜呈明亮的黄色，背部呈红褐色，中央区域呈白色，有显著的呈“流淌”状的条纹。主要食物为地面上的昆虫、蜘蛛和蜗牛，同样也吃果实、种子、浆果和花蜜。栖息于仙人掌和荆棘茂密的干旱地区。此外，在靠近水源区和都市的森林区也能看见它们的踪迹。繁殖时期雌鸟会跟雄鸟一起建造鸟巢，较喜爱将巢筑于仙人掌中，但也可能选择灌木和低矮的乔木筑巢。雌鸟产 1~5 枚有褐色斑点的蓝绿色卵，由雄鸟和雌鸟共同孵化 13 天，之后共同照顾雏鸟。雏鸟于出生 14~18 天后离巢。

Toxostoma longirostre

长弯嘴嘲鸫

体长：26~29 厘米
体重：68~70 克
社会单位：独居
保护状况：无危
分布范围：美国东南部和墨西哥西北部

长弯嘴嘲鸫的外观比其他同种鸟类更为醒目，虹膜同样为黄色，但背部为红色，腹部为白色且有显著的黑色条纹或斑点。脸部为灰色，有黑色条纹。喙比其他淡褐小嘲鸫或小嘲鸫的喙还长，但同样也相当有力，用于捕捉猎物。主要食物为昆虫、蜘蛛、蜗牛和果实。栖息于茂密的沿海森林、荆棘灌木丛和仙人掌区。

Sturnella loyca

长尾草地鹨

体长：22~28 厘米
体重：113 克
社会单位：群居
保护状况：无危
分布范围：南美洲南部

颜色鲜艳的胸部
它们胸前的红色羽毛有许多热门传说。

长尾草地鹨的特色在于引人注目的羽毛，雄鸟胸部的红色羽毛相当醒目，延伸至喉咙的部分区域和腹部区域。背部、头部、尾巴和翅膀的颜色为略带黑褐色的棕色。翅膀下方有一块区域为白色，只在飞行时才看得见，眼睛前方的羽毛为红色。雌鸟的羽毛颜色较淡，边缘有棕色饰边，胸部和腹部为红色，但颜色比雄鸟浅。

分布

栖息于南美洲温暖和寒冷的区域，主要在地势较低和潮湿的区域，如洪泛区、潟湖边缘的草原、灌丛草原和山区高原。在这些地方，它们大部分时间都在地面上行走，或者停歇在树丛间及栅栏上。

领地
它们是群居鸟，成对或小群体共同居住。雄鸟会建立自己的领地，并发出鸣唱声宣示主权。

用于逃避和吸引异性的颜色

这类鸟的学名源自于马普切语的“*loyca*”，意指创伤或伤口，指的就是它们引人注目的红色羽毛。雄鸟和雌鸟存在性别二态性：雌鸟的体形较小，羽毛颜色为棕色，跟雄性成鸟鲜艳的红色羽毛呈强烈对比。鲜艳的羽毛颜色让它们在繁殖期易于吸引异性，较不鲜艳的羽毛颜色让它们可以融入周围环境，避免被天敌发现。

鸟巢

在春季到夏季它们会将鸟巢筑于地面。为了防止天敌发现它们的鸟巢，雌鸟不会直接在鸟巢处降落，而是先在安全的区域降落，之后在植被中低头行走至鸟巢。离开鸟巢时也使用相同的方式。

1 进入
雌鸟飞往鸟巢附近的安全区域降落，之后低头行走到鸟巢。

2 离开
雌鸟离开鸟巢时会先在植被中行走数米，远离鸟巢之后再起飞。

背部
背部羽毛呈咖啡色，且羽毛的边缘带桂皮色。尾部有灰色条纹。

翅膀
颜色为咖啡色，有深棕色条纹。覆羽为白色，有红色的褶皱。覆羽下方有一块白色区域，只有当它们飞行时才能看见。

瞭望

能让它们站立的支撑物是它们栖息地基本的组成要素。经常能看到它们停在栅栏、岩石或灌木树的树枝上展示它们的羽毛或是监视猎物。

1 捕食猎物
它们习惯停在高处观察猎物，之后突然起飞捕捉飞行中的昆虫，因为高处的位置视野较好，易于观察猎物。

2 歌唱
雄鸟会停在高处展示羽毛吸引雌鸟，同时也会发出鸣唱声，并使喉咙膨胀展现胸部的红色羽毛。

20
通常它们由20只或更多的个体组成族群一起活动。

Dolichonyx oryzivorus

长刺歌雀

体长：16~18 厘米
体重：28~42 克
翼展：29 厘米
社会单位：群居
保护状况：无危
分布范围：美洲

长刺歌雀是刺歌雀属的唯一物种。在繁殖季雄鸟和雌鸟之间有明显的性别差异：雄鸟的羽毛颜色为黑色，颈部和后颈背为奶油色。非繁殖时期雄鸟和雌鸟的羽毛颜色皆为棕色。雌鸟会在地面上挖小洞孔并覆盖上干草作为鸟巢，将所产的 5~6 枚卵藏在鸟巢内的干草中，孵化 11~13 天。它们是一夫多妻制，雄鸟最多可与 4 只雌鸟交配。雏鸟由双亲共同照顾，但雄鸟通常只照顾最先产卵的两个鸟巢，另外两只雌鸟所产的卵可能由其余未产卵的同伴共同照顾，它们以合作照顾的方式照顾雏鸟。主要食物为谷物和种子，它们被认为是农业稻田的害鸟。

Cacicus haemorrhous

红腰酋长鹂

体长：27~30 厘米
体重：85 克
社会单位：群居
保护状况：无危
分布范围：南美洲北部和中部

红腰酋长鹂的羽毛为黑色，喙为黄色，虹膜为天蓝色，在飞行时可以看见它们红色的尾部。栖息于热带和亚热带地区，群体筑巢。每对伴侣通常会筑很多个鸟巢，但只将卵产于其中 1 个鸟巢中。鸟巢呈袋状，由雌鸟负责使用材料编织，鸟巢长 40~70 厘米，悬挂于一根树枝上，顶端有入口。以这种方式建造鸟巢可以增强防御能力，防止雏鸟被天敌攻击，例如巨嘴鸟（巨嘴鸟科）。

Agelaius tricolor

三色黑鹂

体长：18~24 厘米
体重：49.5~68 克
社会单位：群居
保护状况：濒危
分布范围：美国西部和墨西哥

三色黑鹂也被称为三色黄鹂。雄鸟的黑色羽毛使它们被命名为此名称。它们有明亮的红色斑块，肩膀的边缘为白色。雌鸟使用树叶和其他软质材料编织鸟巢悬挂于植物的茎部，之后盖上用泥土制造的防护层防水。其主要食物为甲虫、蝗虫、蜘蛛和昆虫幼虫，此外也会吃种子和蜗牛。栖息于潮湿的区域和低谷地区。繁殖期时它们会群居，形成各种形式的群落。

保护状况

环境的破坏和把森林改造成农业用地对它们造成了负面的影响，使它们的数量正逐渐减少。

Euphagus cyanocephalus

蓝头黑鹂

体长：17~23 厘米
翼展：37 厘米
体重：60~86 克
社会单位：群居
保护状况：无危
分布范围：北美洲中部和西部

蓝头黑鹂雄鸟的羽毛和喙的颜色为带虹彩的黑色。雌鸟的羽毛为棕灰色，喙为黑色，较短。它们习惯群体觅食，通常聚集在湿地沿岸地区。其主要食物包括水生无脊椎动物、种子、浆果和其他果实。它们的鸟巢呈碗状，由雌鸟使用植物纤维、根和毛发编织而成，筑于草原间或乔木和灌木上。雌鸟产 3~7 枚浅灰色或绿色且有棕色斑纹的卵，孵化期为 11~17 天。雏鸟出生 15 天后离巢。冬季雄鸟和雌鸟会各自成群迁徙至北半球较温暖的区域。

Molothrus bonariensis

紫辉牛鹂

体长：19~21 厘米
体重：45~57 克
社会单位：群居
保护状况：无危
分布范围：南美洲、中美洲部分区域和加勒比岛

紫辉牛鹂雄鸟的羽毛颜色为黑色，经光线反射后呈泛虹彩的紫色色调，雌鸟的羽毛颜色为棕灰色。它们是一种寄生鸟，会选择超过 200 种以上的鸟类的鸟巢作为寄生鸟巢。雌鸟将卵产于寄生鸟巢，有时候会破坏鸟巢内原有的卵，从而增加自己卵的孵化成功率。它们的雏鸟在 11~12 天的孵化期后破壳而出，雏鸟破壳之后通常会攻击寄生鸟巢内的其他雏鸟。它们觅食的习性为群体觅食，成群移动以寻找种子、谷物和昆虫，之后停歇在地面、树上或牛背上进食。

Icterus croconotus

橙背拟鹂

体长：15~22 厘米
社会单位：独居或成对
保护状况：无危
分布范围：南美洲北部和中部

橙背拟鹂尾巴和翅膀为黑色，翅膀上有白色羽毛。胸部和头部的部分区域为橙色，额头有斑纹，脸部和胸部的部分区域为黑色。

栖息于草原、干燥的森林、干燥的灌木丛和低矮的森林，一般不栖息在多雨区。主要食物为昆虫、水果和卵。一夫一妻制，它们不自己建造鸟巢，而是使用其他鸟类遗弃的鸟巢，如果它们找不到空鸟巢，就会赶走原本居住在鸟巢内的鸟霸占其鸟巢。霸占鸟巢之后它们会略微改造鸟巢开口的大小，产 3~4 枚卵，孵化期为 15 天。雏鸟出生后在巢内居住 21~23 天，由双亲负责喂养至它们可以独立生活。繁殖期的雄鸟和雌鸟通常会发出二重唱。

Agelaioides badius

栗翅牛鹂

体长：17.5~20 厘米
体重：40~50 克
社会单位：群居
保护状况：无危
分布范围：南美洲中部至南部

栗翅牛鹂是栗翅牛鹂属的唯一物种。雄鸟和雌鸟的外观相似，幼鸟和成鸟的外观也相同。它们的羽毛颜色通常为灰褐色，翅膀为红色，从喙处有一条红色条纹延伸至眼睛周围像是眼罩的黑色斑纹前方，腿和喙皆为黑色。栖息于草原、灌木丛和各种树林边缘。成鸟吃的食物为野生种子，也吃农作物的种子，此外，还吃昆虫及其幼虫，偶尔也吃花蜜。雏鸟只吃昆虫。它们经常被啸声牛鹂（*Molothrus rufoaxillaris*）寄生，通常它们会使用其他鸟类遗弃的鸟巢。雌鸟通常在同一鸟巢产 2~3 枚卵。其他在繁殖期没有产卵的同伴是它们的帮手，帮助其照顾雏鸟和保卫领地。

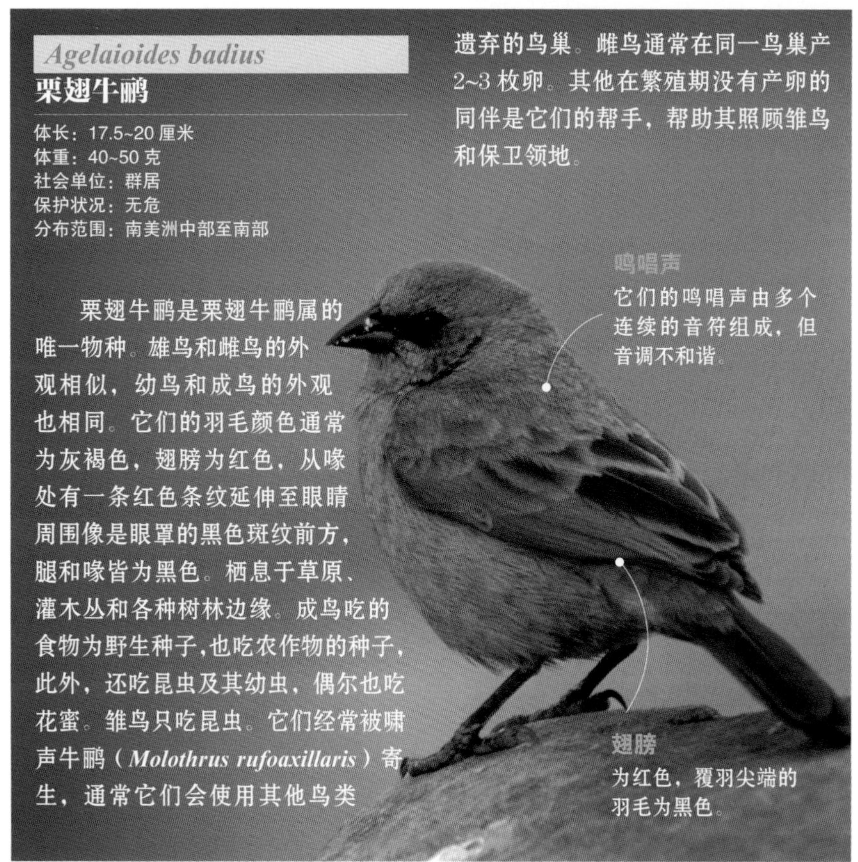

Psarocolius montezuma

褐拟椋鸟

体长：38~51 厘米
体重：230~520 克
社会单位：群居
保护状况：无危
分布范围：墨西哥东部和中美洲

褐拟椋鸟是拟黄鹂科鸟类中体形最大且最引人注目的鸟类。雄鸟的体形比雌鸟大。头部、颈部和胸部为黑色，脸颊有一块蓝色的裸露皮肤，身体的羽毛为栗色。栖息于低地、湿地和雨林周围的区域。主要食物为昆虫、小型脊椎动物、水果和花蜜。它们是花粉和种子的重要传播者，也扮演着维持昆虫数量的角色。繁殖期间雄鸟和雌鸟会发出鸣叫声。它们通过这些声音辨认即将繁殖的个体，之后聚在一起群居。每个群体的数量最多可达百只，由一只雄鸟当领导者，这只雄鸟会跟大部分雌鸟交配。繁殖期间由雄鸟负责保护和提供食物给雌鸟。

图书在版编目（CIP）数据

国家地理动物百科全书．鸟类．鸣禽·攀禽 / 西班牙 Sol90 出版公司著；陈怡婷译．-- 太原：山西人民出版社，2023.3

ISBN 978-7-203-12518-1

Ⅰ．①国… Ⅱ．①西… ②陈… Ⅲ．①鸟类—青少年读物 Ⅳ．① Q95-49

中国版本图书馆 CIP 数据核字 (2022) 第 244661 号

著作权合同登记图字：04-2019-002

国家地理动物百科全书．鸟类．鸣禽·攀禽

著　　者：西班牙 Sol90 出版公司
译　　者：陈怡婷
责任编辑：崔人杰
复　　审：魏美荣
终　　审：贺　权
装帧设计：吕宜昌

出 版 者：山西出版传媒集团·山西人民出版社
地　　址：太原市建设南路 21 号
邮　　编：030012
发行营销：0351-4922220　4955996　4956039　4922127（传真）
天猫官网：https://sxrmcbs.tmall.com　电话：0351-4922159
E-mail：sxskcb@163.com 发行部
　　　　sxskcb@126.com 总编室
网　　址：www.sxskcb.com

经 销 者：山西出版传媒集团·山西人民出版社
承 印 厂：北京永诚印刷有限公司

开　　本：889mm × 1194mm　1/16
印　　张：5
字　　数：217 千字
版　　次：2023 年 3 月　第 1 版
印　　次：2023 年 3 月　第 1 次印刷
书　　号：ISBN 978-7-203-12518-1
定　　价：42.00 元